PYTHON
FOR
MBAS

商务人士也要学 Python

[美] 马坦·格里费尔（Mattan Griffel）　[法] 丹尼尔·格塔（Daniel Guetta）○ 著

芮苏英 武嘉伟 刘永鑫 王奕凡 ○ 译

人民邮电出版社

北京

图书在版编目（CIP）数据

商务人士也要学 Python / （美）马坦·格里费尔
(Mattan Griffel)，（法）丹尼尔·格塔
(Daniel Guetta) 著；芮苏英等译. -- 北京：人民邮
电出版社，2024. 8. -- ISBN 978-7-115-64700-9

Ⅰ. TP311.561

中国国家版本馆 CIP 数据核字第 20247VK037 号

内 容 提 要

本书基于哥伦比亚商学院的 Python 课程，旨在帮助零编程基础的读者掌握 Python 技能，让读者能够自主执行商业分析任务，并从数据分析中获得重要见解。本书分为两部分：第一部分介绍 Python 编程的基础概念，比如循环、变量、列表、字典、函数等；第二部分结合实际案例展示如何在商业分析场景中使用 Python。学完本书，你将能够熟练使用 Jupyter Notebook 和 pandas 库，通过自己编写的 Python 代码，高效地整理和分析数据，无须完全依靠外部分析团队。无论是自己做商业数据分析，还是希望更好地与数据分析团队沟通，本书都是实用且简单的学习指南。

本书适合零编程基础的读者阅读，包括但不限于商科学生和讲师，在投行、咨询公司、基金公司做商业分析的工作人员，以及技术经理。

- ◆ 著　　　　[美] 马坦·格里费尔（Mattan Griffel）
　　　　　　　[法] 丹尼尔·格塔（Daniel Guetta）
　　译　　　　芮苏英　武嘉伟　刘永鑫　王奕凡
　　责任编辑　王振杰
　　责任印制　胡　南
- ◆ 人民邮电出版社出版发行　　北京市丰台区成寿寺路11号
　　邮编　100164　电子邮件　315@ptpress.com.cn
　　网址　https://www.ptpress.com.cn
　　三河市君旺印务有限公司印刷
- ◆ 开本：800×1000　1/16
　　印张：17.5　　　　　　　　2024 年 8 月第 1 版
　　字数：391千字　　　　　　2024 年 8 月河北第 1 次印刷
　　著作权合同登记号　图字01-2021-5959号

定价：99.80元
读者服务热线：(010)84084456-6009　印装质量热线：(010)81055316
反盗版热线：(010)81055315
广告经营许可证：京东市监广登字 20170147 号

版权声明

前　言

　　你好！我们是本书作者马坦·格里费尔和丹尼尔·格塔。在本书中，我们将教你学习 Python。在做自我介绍之前，我们想跟你聊一聊本书的目标读者群、包含的内容以及一些能够帮助你更好地使用本书的阅读技巧和学习技巧。

　　本书是专门为零编程基础的读者编写的，所以你在阅读时不要有压力。即使对 Python 一无所知，甚至对编程没有任何概念，你仍然不需要有任何担心，我们会在第 1 章中介绍 Python 的基础知识。没有技术背景的商务人士会基于各种各样的理由学习编程。他们中有些人期望了解另一种思考问题的方式；有些人认为是计算机程序在促进这个世界发展，所以不希望自己被落下；有些人期待学会简单的编程来简化自己的工作；有些人需要跟程序员和技术团队一起工作，所以希望通过学习了解对方的工作；还有一些人是厌倦了依赖商务智能团队帮助他们做数据分析工作，跟这些团队的交互迭代费时费力，他们希望能够自己动手以便更高效地工作。

　　无论你是上面的哪类人员，本书都是适用的。书中的内容脱胎于我们在哥伦比亚商学院教授的课程，课程对象正是上述人员。我们将在本书中介绍如何用 Python 解决实际问题，比如自动化日常重复的任务以节约时间和经费，以及通过对海量数据进行数据分析来回答重要的业务问题，这些海量数据通常因为数据量太大或者太复杂而无法用电子表格软件来处理。

　　希望你可以通过阅读本书得到如何用技术协助日常工作的启发，也可以学习到在日常工作中可以立即投入使用的新技能。

　　本书分为两大部分。第一部分介绍 Python 的基础知识，比如循环、变量、列表、字典、函数等；第二部分结合实际案例展示如何在商业分析场景中使用 Python。

　　除非你已经对 Python 非常熟悉，否则建议你抵制住跳读的诱惑，从头到尾按顺序阅读本书。在第一部分，你会学到使用 Python 所需的基础知识。这部分内容中还包含了很多练习，建议你花时间亲自做这些练习。如果仅仅停留在阅读的层面而不去尝试解决书中的问题，你虽然也会有所收获，但是可能印象不会那么深刻。本书中的所有代码都可以从我们的网站上下载，但是我们仍然建议你动手输入这些代码而不是从网站上复制和粘贴。如果你在编写代码的时候，脑子里有诸如"如果这么做会怎么样呢"的想法，那就去试一试! 最差的情况也不过是这些代码运行不了，这时你可以回过头来浏览一下我们教给你的内容，看看是否能从中找到解决办法。无论如何，你都可以学到新东西。

本书的第二部分是在一个商务案例中使用 Python 做数据分析。从第 5 章开始将介绍一种用 Python 编程的新方法。这一章也会介绍位于纽约的一家连锁餐厅"迪格"的故事，这个故事我们会在后文中多次提及。很多讲 Python 的书，哪怕是一本比较基础的书，似乎也只是为软件工程师编写的。那些书更加侧重于 Python 的功能本身，而不是这些功能的应用场景。而在本书的第二部分中，通过真实的案例分析，你将看到 Python 是如何真正解决问题的，而不是在"真空"中聊 Python。剩下的章节会讨论迪格餐厅如何用数据的力量去解决不同的问题，即用本书第一部分教授的 Python 基础知识来进行数据分析并解决实际问题。

本书的目标是传授你 Python 的基础知识，并为你提供一张"学习地图"，以便你在后续的自主学习中更好地确定学习内容。所以，本书有时会使用一些非正式的术语，或者跳过一些非常细节的技术内容。这是我们在撰写过程中有意而为的，因为这么做会防止你陷入不必要的细枝末节中，也可以帮助你尽快达到能够应用相关技术的水平。在本书的"下一步"部分，我们将向你推荐一些资源，如果你感兴趣，可以利用这些资源将所学知识提升到更高水平。

Python 的一个关键优势是迭代非常快。全世界成千上万的开发者投入他们的时间和精力来改进这门编程语言，让它更快，功能更丰富、更强大。Python 演化的速度非常快，以至于本书中第二部分涉及的一些新功能在本书开始撰写的时候尚未开发出来。请访问本书图灵社区页面（ituring.cn/book/2980）下载配套代码及数据库。

本书在撰写过程中得到了许多人提供的帮助。首先是我们的学生，他们为本书提供了宝贵的反馈。在这里我们就不一一列举他们的名字了。特别感谢 Joao Almeida、George Curtis、Nicholas Faville、Nicola Kornbluth、Royd Lim、Brett Martin、Veronica Miranda、Jason Prestinario 和 Saron Yitbarek，他们是本书初稿的第一批读者，并且为我们提供了修改意见。能在这个科技和数据分析涌现各种创新的年代在哥伦比亚商学院教授课程，我们深感荣幸。商学院鼓励我们拓展所谓"传统"MBA 课程的边界，由此催生了本书。其次，非常感谢 Dean Costis Maglaras 先生与来自决策、风险和运维部门同事的坚定支持。最后，感谢 Shereen Asmat 先生和 Molly Fisher 先生，以及迪格餐厅的管理团队，感谢他们付出时间和精力跟我们交流迪格餐厅的情况。出于保护餐厅方信息知识产权的考虑和餐厅方本身的要求，书中很多的细节基于作者跟餐厅方的谈话，但同时做了脱敏处理，书中的数据集合也是经过脱敏处理生成的。

我们热爱写代码，同样热爱把激动人心的事分享给其他人。没有什么比看到学生开始运行他们写的第一行代码、做他们的第一次数据分析更让人激动。我们非常高兴能够把我们的经验带到教室里并且转化成本书分享给你。我们期待跟你一起经历这次 Python 学习之旅!

目　　录

第一部分

欢迎来到本书第一部分。我是马坦·格里费尔，我将教授 Python 的基础知识部分。在后续的介绍中，我将尽量尝试用有趣或新颖的方式来介绍一些枯燥的概念，让学习变得轻松一些。首先，我来做一下自我介绍。

我是一个两次获得 Y Combinator[①]投资的创业企业家。我之前创立过一个名为 One Month 的公司，在线教授编程，让人们在 30 天之内学会写代码。当下我是 Ophelia 公司的创始人和首席运营官，这家在线诊疗公司致力于帮助人们克服药物成瘾。我还是哥伦比亚商学院的获奖教师，在商学院教授 MBA 学生和企业高管写代码。纵观我的整个职业生涯，我已经教会了成千上万人如何编程。

不过我也不得不承认，我并不是计算机科班出身，我从未获得过计算机科学的任何学位。我跟编程的渊源开始于 20 岁出头时在纽约的一个创业想法。当时我的本职工作与市场相关，这是我大学毕业之后的第一份工作。那时我每天晚上都在构思和丰富我的创业点子，然而我碰到了一个问题：我的点子需要开发一个软件，但是没有任何一个跟我有私交的人可以帮我开发软件。我使出浑身解数想找一个懂计算机技术的创业合伙人，比如参加黑客马拉松寻找偶遇技术合伙人的机会，不过运气不够好。

最后，我的几个朋友都厌烦了我对找一个程序员是如何如何困难的抱怨，其中一个朋友约翰在喝咖啡的时候正式跟我聊了这个话题。"要么你自己学习编程，然后把这个软件做出来，"他对我说，"要么你就别再跟我们说这件事了，因为听你抱怨真的很烦人。"

我从来没有这么想过这个问题，为什么我不能自己学习写代码呢？可是这难道不是从事计算机行业的工程师应该做的事情吗？

---

① 美国著名的创业孵化器。——译者注

约翰跟我分享了他自己的一个故事。多年以前，他跟他的朋友在停车场做服务员。当他们觉得工作无聊的时候，经常会分享自己前一天晚上发生的事，其中有一件事是约翰跟一些朋友出去喝了不少酒，以致酩酊大醉，于是开玩笑说，要是有一个专门的网站可以让人分享喝酒之后发生的故事，那就有意思了。

约翰很快厌烦了停车场服务员的工作，决定开始自学编程。他找了一些图书和在线教程，几个月之后，一个供人们分享与喝酒相关的故事的网站诞生了。这个网站有几十万页面浏览量，在脸书获得了数万点赞，还颇流行了一段时间。

自此之后，约翰开始了许多更好、更大的项目。实际上他创立了好几家公司，其中很多是开始于他的一些随机想法，然后他会花一个周末编写代码加以实现。在那天喝咖啡的时候，我听到约翰的故事，被惊呆了。

"你一个暑假就自己学会了编程？"我问约翰。

"是的。秘诀是不要花太多时间在基础概念上，"他说，"选一个项目，然后尽快开始做。并且选择一门比较新的语言，比如 Python 或者 Ruby。"

这次谈话改变了我的一生。我辞去了那份与市场相关的工作，开始自学编程。我没有一整个暑假的空闲时间，所以我给自己一个月的时间看看能学到什么。我从一个网站上的视频开始，学习了一个星期。尽管开始的时候我并不理解所学的大部分内容，但是依然坚持学习，因为这个过程还是很让人兴奋的，我很享受一些东西在我手里被做出来的过程，尽管这些东西都是数字的，我并不能真正触摸到它们。

现在回想那段时间的生活，我记得有时候会非常沮丧，但是当我最终把东西做出来的时候也会非常兴奋。记得有一天不知为何我把之前所有的代码都搞砸了，花了整整两天的时间都没有把它们修复好。后来，我终于把它们都修复好了，然而我依然不知道自己是怎么做到的，也不知道最初我是怎么把它们搞砸的。回想起来，即使对专业的软件工程师来说，这也是非常常见的事。你在学习本书的时候也应该会有类似的经历。

在花了一个月的时间每天学习编程之后，我基于自己的创业想法构建了第一个版本的软件。这是一个微不足道的程序，大多数情况下工作得并不好，但它是"我的"。

很难去形容最终让自己的代码跑起来时的愉快体验。我一直对艺术家能够把大脑里的东西（比如一幅画、一个雕塑或者一个故事等）变成现实的能力非常钦佩。在完成我的第一个程序的时候，我人生中第一次感觉自己就像一个艺术家。

不过还得承认，我依然不算是一个优秀的程序员，很多专业的程序员能够写出更好、更快的代码。但是这一路走来，我能确信的一件事是我很擅长教会零基础的人写代码，而且我也很享受这个过程。

　　也许大部分人认为，因为高中时理科没有学好，所以现在没有能力学会编程。这种想法是不正确的。学习编程更像是学习一门语言。编写代码能给你带来比你预期更多的快乐和创造力。

　　之所以人们认为编程很困难，多半是因为教授编程的方法比较晦涩。我自己的经历是，大部分的线上教程和图书要么教得太快，要么教得太慢。它们要么从一开始就预设受众已经有丰富的编程经验，要么从非常基础的部分开始，并且花大量的时间介绍在实际编程中用不到的东西，让人厌倦。

　　我希望本书是一本有趣且有用的、能帮助你学会用 Python 编程的书。我们一起且学且快乐吧！

第 1 章

开始学 Python

1.1　本章内容简介

本章将介绍 Python 的由来和它可以用来做什么。你将在你的计算机上安装 Python 和其他一些有用的工具，并学习命令行的基本操作。命令行是用来运行 Python 代码的。最后，你还将运行你的第一个 Python 脚本，并且开始体会到用 Python 写代码大致是什么样的过程。

1.2　Python 编程介绍

对初学者来说，学习类似 Python 的语言有备受打击的感觉是非常普遍的。引用唐纳德·拉姆斯菲尔德（Donald Rumsfeld）的名言，世上有"已知的未知"和"未知的未知"。对于 Python 这样的领域，你知道得越多，就会对你不知道的部分有更多的认知。Python 涉及的领域极广，但是你真正需要知道的和对你有用的只是其中非常微小的一部分，如下图所示。

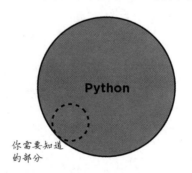

大部分有经验的程序员也只是了解编程的皮毛而已。一项 2019 年 Stack Overflow 做的调查表明，90%以上的程序员需要自学。这意味着即使专业的程序员也会不断地遇到新的问题和概念，这些问题和概念他们之前并不了解，所以只能自学。

我们用英语来举例。根据全球语言监测机构（Global Language Monitor，GLM）的调查，英语现在有 1 057 379.6 个单词（是不是好奇这 0.6 个单词是什么意思？我们也不知道）。一个熟练使用英语的成年人通常只知道 2 万到 3.5 万个单词。那是不是就可以说因为这些说英语的人并不认识所有的单词，所以他们不能"熟练"地使用英语呢？显然不是。

学习一门像 Python 一样的编程语言跟学习英语很像。当然，当你找不到合适的单词表达想法时，这和你不知道用什么代码去解决一个特定的问题一样，都让人沮丧。这就是我们撰写本书的原因。后续，我们将为你指出新手程序员的常见误区，避免你在解决问题的时候陷入不必要的尴尬境地。

1.2.1　编程简介

鉴于存在非常多的编程语言（如 C、Java、C++、PHP、JavaScript、Python、Perl、Ruby、Visual Basic、Go 等），选择从哪个开始是有些困难的。

大部分人开始学习编写代码时，很难面对如此之多的选择。很多人跟我们反映说担心浪费太多的时间学习错误的东西。想象一下花费了 4 个月学习 Python，然后发现其实应该学习 JavaScript，就能理解这种担忧了。

少安毋躁。或许你并不需要在意选择从什么开始。开始学习第一门编程语言时，很多基础知识并不是针对某一种编程语言的，它们是所有编程语言都通用的。几乎所有的编程语言都共享某些基本概念。如果你从来没有写过代码，那么理解这个或许还有一些难度。

为了帮助你理解编程这个"黑盒"里的东西，接下来我们从如何使用编程语言，比如用 Python 来构建我们每天都会使用的东西（如网站）开始学习。

本书中不会展示如何用 Python 来创建一个网站。这是一个相对复杂的话题，本身就可以写一本书。搭建一个网站在 MBA 用 Python 想要做的事情中的优先级并不高，但这仍然是一个展示编程的好方式，因为它涵盖了编程的诸多主要方面，而且我们很熟悉网站，几乎每天会上网浏览网页。

我们访问过的大部分网站实际上是 Web 应用程序。Web 应用程序就像是从手机或者计算机上下载的那些应用程序（如微软的办公软件），唯一的区别是它们不用下载，只需在服务器或者云上运行即可。我们可以使用浏览器与这些 Web 应用程序进行交互，比如访问社交媒体网站。

这些 Web 应用程序是如何被搭建起来的呢？每个 Web 应用程序都有**前端和后端**。前端就是你能看到的部分（参见下图）。

　　我们可以用不同的编程语言来实现 Web 应用程序的前端和后端。前端通常用下面 3 种编程语言来构建。

　　(1) HTML（HyperText Markup Language，超文本标记语言）。

　　(2) CSS（Cascading Style Sheets，串联样式表）。

　　(3) JavaScript。

　　这 3 种语言通常一起使用，几乎每一个网页都由它们构建。HTML 定义了网页上有什么，CSS 定义了网页的样貌，JavaScript 为网页增加了动态处理能力（比如弹出式的提示框、动态的网页更新等）。

　　前端其实还有非常多的话题可以聊，但是这超出了本书的范畴。如果你有兴趣，可以接着去探索。眼下，让我们把焦点转移到 Web 应用程序中大部分人看不到的部分：后端（参见下图）。

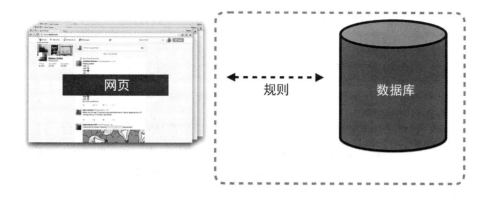

后端更像是代码的一个"黑盒",你可以把它想象成 Web 应用程序的"大脑",它负责大量的工作,并且会把工作成果送到前端以展示漂亮的网页。例如,你在社交网站上搜索某用户,后端会在网站巨大的数据库里找到该用户,然后把相关结果发送到前端,在你的浏览器上展示出来。

后端通常由两部分组成:数据库和一组规则。数据库存储了 Web 应用程序需要的所有数据(比如用户名和密码、照片、状态更新以及所有其他的信息)。

数据库和网页之间的规则是让 Web 应用程序知道,用户每次在网页上操作时,应该从数据库中取什么样的数据以及如何处理。最常用的数据库语言是 SQL。鉴于 SQL 已经超出本书的范畴,在此不会做过多讨论。

你听说过的绝大多数编程语言可以用来编写数据库和网页之间的规则,包括 Python、Ruby、PHP、Java 等。这里没有给出一个详尽的语言列表,但是前文中提到的语言基本可以使用。

这些语言基本类似,只有微小的区别。我们经常被问道:"我在考虑实现某个想法(一个遛狗的应用程序、一种更好匹配室友的方法、一个找到附近有趣的活动的方法,等等),我应该学习什么编程语言呢?"一旦你了解了编程语言的工作方式,你就会意识到这个问题本身就有些滑稽。这就像在说:"我有一个想跟大家分享的故事,这是一个关于两个命运多舛的恋人的故事。我应该用什么语言来讲这个故事呢?英语、法语,还是西班牙语?"

你也许会说讲这个故事用这些语言中的任何一种都行,因为语言就是用来做这个的。当然,这些语言各不相同。在一些语言(如法语或西班牙语)中,词汇分成阳性和阴性。在另一些语言中,你可以通过在句子最后放一个词来表达事情发生在过去还是未来。编程语言与之类似,你可以用几乎所有的编程语言来做同样的事情,尽管写出来的代码本身可能千差万别(参见下图)。

PHP   Python   Ruby

echo "Hello World";   print("Hello World")   puts "Hello World"

上图展示了用 3 种语言编写的 3 个代码片段。你可以轻松地看到它们的区别。同一个例子在不同语言中用到了不一样的词：echo、print 和 puts。PHP 用分号表示句子的结束，Python 和 Ruby则不用这种表示方式。Python 用了括号，PHP 和 Ruby 则不需要使用括号。虽然看上去有些不同，但是当你执行这些代码的时候，你会得到一模一样的输出（参见下图）。

PHP   Python   Ruby

echo "Hello World";   print("Hello World")   puts "Hello World"

Hello World   Hello World   Hello World

这 3 个语句都会输出 Hello World。（通常，在学习编程语言时，第一节课都是教你如何输出 Hello World——挺枯燥的。）

到底什么是编程语言？Python 和其他所有的编程语言都是用于人类跟计算机沟通的语言。编程语言的风格最初是对计算机友好却对人类不友好的。下图展示了让计算机输出一个简单的句子“Winter is coming.”的二进制代码。

```
00000000  7f 45 4c 46 01 01 01 00  00 00 00 00 00 00 00 00  |.ELF............|
00000010  02 00 03 00 01 00 00 00  80 80 04 08 34 00 00 00  |............4...|
00000020  c8 00 00 00 00 00 00 00  34 00 20 00 02 00 28 00  |........4. ...(.|
00000030  04 00 03 00 01 00 00 00  00 00 00 00 00 80 04 08  |................|
00000040  00 80 04 08 9d 00 00 00  9d 00 00 00 05 00 00 00  |................|
00000050  00 10 00 00 01 00 00 00  a0 00 00 00 a0 90 04 08  |................|
00000060  a0 90 04 08 0e 00 00 00  0e 00 00 00 06 00 00 00  |................|
00000070  00 10 00 00 ba 0e 00 00  00 b9 a0 90 04 08 bb 01  |................|
00000080  ba 0e 00 00 00 b9 a0 90  04 08 bb 01 00 00 00 b8  |................|
00000090  04 00 00 00 cd 80 b8 01  00 00 00 cd 80 00 00 00  |................|
000000a0  57 69 6e 74 65 72 20 69  73 20 63 6f 6d 69 6e 67  |Winter is coming|
000000b0  73 68 73 74 72 74 61 62  00 2e 74 65 78 74 00 2e  |shstrtab..text..|
000000c0  64 61 74 61 00 00 00 00  00 00 00 00 00 00 00 00  |data............|
000000d0  00 00 00 00 00 00 00 00  00 00 00 00 00 00 00 00  |................|
*
000000f0  0b 00 00 00 01 00 00 00  06 00 00 00 80 80 04 08  |................|
00000100  80 00 00 00 1d 00 00 00  11 00 00 00 01 00 00 00  |................|
00000110  10 00 00 00 00 00 00 00  11 00 00 00 01 00 00 00  |................|
00000120  03 00 00 00 a0 90 04 08  a0 00 00 00 0e 00 00 00  |................|
00000130  00 00 00 00 00 00 00 00  04 00 00 00 00 00 00 00  |................|
00000140  01 00 00 00 03 00 00 00  00 00 00 00 00 00 00 00  |................|
00000150  ae 00 00 00 17 00 00 00  00 00 00 00 00 00 00 00  |................|
00000160  01 00 00 00 00 00 00 00                           |........|
```

二进制是计算机指令的最底层形式。它是对计算机最友好的形式（它执行非常快），但它也是对人类最不友好的形式（你应该已经注意到了，这基本不可读）。下一步，我们往高层移一级——汇编语言：

```
section .text
    global _start

_start:

    mov edx, len
    mov ecx, msg
    mov ebx, 1
    mov eax, 4
    int 0x80

    mov eax, 1
    int 0x80

section .data

msg db 'Winter is coming.', 0xa
len equ $ - msg
```

这个版本比二进制版本可读性稍好一些。它包含了一些我们熟悉的词，但它最终会被翻译成计算机可识别的二进制代码。下面是用 Java 编写的例子：

```
public class WinterIsComing {
    public static void main(String[] args) {
        System.out.println("Winter is coming.");
    }
}
```

这更接近自然语言了，在可读性方面，相比汇编语言，Java 有了巨大的进步。但是我们仍然不推荐初学者从 Java 开始学习编程，因为它仍然需要你在学会真正用编程语言做事（比如输出一行字）之前学习很多冗余的知识（例如，你必须首先学习 public、class、static、void 和 main 的含义）。下面是 Python 代码：

```
print("Winter is coming.")
```

一气呵成！简单的一行代码就够用了。因为强调了可读性，所以 Python 已经变成初学者和编程老手都乐于使用的流行编程语言。

1.2.2　什么是 Python

Python 把计算机编程带给了更多全新的受众。

《经济学人》，2018 年 7 月 19 日

忘掉华尔街的术语。花旗银行希望他们即将就任的银行分析师了解的是 Python。

《彭博咨询》，2018 年 6 月 14 日

Python 这门编程语言的名字源于英国六人喜剧团 "Monty Python"，并不像很多人以为的那样是一种蛇。它是吉多·范罗苏姆（Guido Van Rossum）于 20 世纪 90 年代创造出来的。吉多在 Python 社区被戏称为 "仁慈的终身独裁者"（BDFL）。

吉多在 2005 年到 2012 年为谷歌工作，他用了几乎一半的时间改进 Python。很有趣的是，Python 的声望就开始于谢尔盖·布林（Sergey Brin）和拉里·佩奇（Larry Page）在斯坦福大学创立谷歌这件事，他们的第一个网络爬虫就是用当时最新版本的 Python 写的。随着谷歌的成长，他们做了一个英明的决定，就是雇用吉多。谷歌投入了大量的资源用 Python 构建数据科学工具包并且把它们无偿捐献给开源社区，因此很多对 Python 有无限热情的、有抱负的程序员被吸引而加入了谷歌。这给谷歌在雇用优秀程序员方面带来了无与伦比的竞争优势。

我们经常会被问到哪些大公司在用 Python，回答是几乎所有的科技公司都在一定程度上使用 Python，包括谷歌、脸书、YouTube、Spotify、网飞、Dropbox、雅虎、IBM、Instagram、Reddit 等。因为 Python 可以用来做各种各样的事情并且跟其他语言相比很容易使用，所以它非常流行。例如，即使一个公司的主打产品没有使用 Python，他们依然可以使用 Python 来做机器学习、人工智能或者一些业务场景背后的数据分析。

所以，Python 是当下发展最快的主流编程语言。根据程序员线上社区 Stack Overflow 的信息，Python 也被认为是需求量最大的编程语言。

像花旗银行和高盛这样的机构已经开始培训他们的数据分析师使用 Python。"编程即将变成我们上学时的写作。"房产抵押行业巨头房利美的首席运营官金伯利·约翰逊（Kimberly Johnson）这么说。在我们所任教的哥伦比亚商学院，对 MBA 和计算机工程学的学生而言，Python 是目前为止最流行的编程语言。

1.3　搭建开发环境

在开始编写和执行 Python 代码之前，需要做一些简单的准备工作，也就是 "搭建开发环境"。它包含 3 个步骤。

(1) 安装一个文本编辑器。

(2) 安装 Python。

(3) 启动命令行。

尽管这个过程对有些人来说可以很快完成，但是另一些人仍然会碰到一些问题，这取决于他们使用的计算机和操作系统。我们建议你预留一小时左右的时间来把这些都配置好。

　　注意，本书中提到的软件在 Windows 系统和 macOS 系统上都可以使用（但是在大部分基于云的网络笔记本，比如 Chromebook 中，这些软件不能使用），我们在 Windows 系统和 macOS 系统上测试过相关软件。我们将在本书中视情况提供这两个系统上的截屏，以保证两个系统的用户都能顺利学习。

1.3.1　安装文本编辑器

　　你需要安装一个文本编辑器来撰写代码。我们将使用流行的文本编辑器——Atom。在本书中，你用什么文本编辑器其实并不重要，所以如果你有更喜欢的文本编辑器，直接用就可以了。

　　即使是有经验的程序员也会在安装软件的时候碰到问题。例如，当你入职一家新的公司，花费几天的时间安装工作需要的软件并不罕见。我们的建议是碰到问题的时候不要回避，锻炼一下你解决问题的能力（我们会在本书和配套网站上给出一些解决问题的建议），并且相信从现在开始事情会变得更容易。

　　可以通过以下步骤安装 Atom。

　　(1) 访问 Atom 官网下载 Atom。
　　(2) 安装 Atom，确保它在你的计算机上是可用的。

　　当你第一次打开 Atom 的时候，可能会看到一堆通知和提醒，你可以直接关掉它们。接下来，你会看到下图所示的空白页。

　　这是你要写代码的地方，但是现在不需要，所以先暂时关掉 Atom。

1.3.2　安装 Python

现在是安装 Python 的时候了。实际上，如果你用的是 macOS 系统，那么 Python 是系统自带的（但是这个也取决于你购买计算机的时间，很可能其 Python 的版本已经不是最新的了）。Windows 系统没有默认安装 Python。

无论是上述哪种情况，你都可以访问 Python 官网下载并安装 Python。这样你就可以确保你的 Python 是最新版本了。注意，如果你用其他方式安装 Python，那么有可能本书后面的某个步骤你就不能直接照搬了。

后面我们会检查安装是否成功。安装流程中有几个地方可能容易出错，Python 官网的相关页面列出了常见问题供你参考。

1.3.3　启动命令行

命令行是用来执行 Python 代码的一个应用程序（当然还有其他应用程序可以做同样的事）。下面就来启动命令行，测试它是不是能正常工作。

macOS 系统

macOS 系统上的命令行是一个叫"终端"的程序，它是你的计算机自带的。

(1) 点击屏幕右上角的放大镜（或者按"Command+空格"快捷键），会弹出一个搜索栏。

(2) 输入"Terminal"或"终端"。

(3) 点击图标像"黑盒"一样的"终端"应用程序，打开终端。

(4) 来到屏幕下方的启动台，单击鼠标右键，或者按"Ctrl"键的同时点击终端图标，弹出菜单，选择"选项">"保持在启动台"。

现在你的终端已经打开并且出现在了你的启动台，你可以很轻松地访问它。

Windows 系统

在 Windows 系统上，有一个叫 Anaconda PowerShell Prompt 的程序，它是随 Anaconda 程序一起安装的。

(1) 点击"开始"。

(2) 输入"Anaconda PowerShell Prompt"。

(3) 点击 Anaconda PowerShell Prompt 应用程序，弹出相应窗口，它是一个上面有白色文字的黑色窗口。（注意，Windows 系统包含了很多看起来类似但是实际上不同的应用程序，比如 Anaconda PowerShell Prompt、Windows PowerShell 和 Windows PowerShell ISE。请确保你使用了正确的应用程序，这个窗口的标题应该是"Anaconda PowerShell Prompt"。）

（4）来到屏幕底部的任务栏，右键单击 Anaconda PowerShell Prompt 图标展开一个菜单，选择"固定在任务栏"。

现在 Anaconda PowerShell Prompt 已经打开并且出现在你的任务栏上，你可以很轻松地访问它了。

如果在上述步骤中出错，请到相应官网相关网页的常见问题部分寻找解决方案。

1.3.4 快速合理性检测

为了确保你的 Python 已经安装正确，请打开一个新的命令行（终端或者 Anaconda PowerShell Prompt，取决于你正在使用什么操作系统）窗口，输入 python --version（这里有两个连字符，也叫破折号），按"Enter"键，如下图所示。

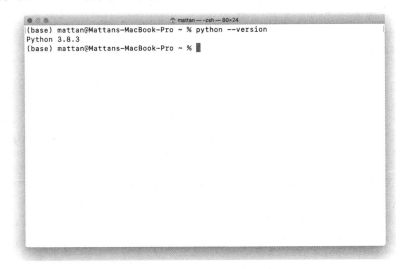

如果你的命令行跟此处的不一样，不用担心。

如果你的 Python 版本跟本书中的不一样，也不用担心。只要 Python 版本高于 3.8，就可以顺利运行本书中的所有 Python 代码。

在命令行中输入 pip --version，按"Enter"键。只要看到的是版本号而不是一个错误消息，你的开发环境就已经配置好了。这个步骤保证了 Python 安装包在你的计算机上正确地安装和配置。

这里的关键是如果每个步骤都处理正确，那么你就不应该看到一个错误消息。如果你确实看到了一个错误消息，或者其他错误（很不幸的是这会经常发生），请到相应官网相关网页的常见问题部分寻找解决方案。

暂时不要听其他开发者的建议

如果你和已经知道如何编程的朋友或同事交谈，那么他们通常会试图给予你建议，告诉你在哪里以及如何开始学习。有些人可能会建议你从更基本的编程语言开始，比如 C++或 Java，这样你就可以在转向 Python 之前"真正理解"较低层次上发生的事情。现在忽略这样的建议。（当然，除了我们的！）

很多时候，当程序员给予你建议时，他们实际上只是建议你用他们的方式学习。如果先学习更基本的编程语言，那么在你能够真正学习一些实际上可以使用的东西之前，就会将很多（真的，我们的意思是很多）时间浪费在学习基础知识上。

现在，你只需要开始并尽快学习一些有用的东西。这就是本书所讲内容。别担心，以后你会有足够的时间再返回去学习基础知识，那时它可能会更有用、更有趣。

1.4 命令行基础

如果你使用的是 macOS 系统，请打开终端（Terminal）；如果你使用的是 Windows 系统，请打开 Anaconda PowerShell Prompt。

这就是命令行工具。如果这是你第一次看到这个工具，那么很可能会不知所措。别担心，本书会逐步介绍。

在 macOS 系统上，你会看到类似这样的内容（细节不太重要，可能会有一些区别）：

```
Last login: Wed Sep 19 13:24:00 on ttys001
(base) mattan@Mattans-Macbook-Pro ~ %
```

第 1 行代码显示了你上次登录的时间，你可以忽略它。这行内容也可以被配置为不显示，但是本书不会告诉你怎么做，你可以把它当作一个挑战。

第 2 行代码更有趣：

```
(base) mattan@Mattans-Macbook-Pro ~ %
```

第一部分(base)与 Anaconda 安装程序的一个功能有关。你可以在计算机上同时安装不同版本的 Python，我们暂时用不到这个功能。[1]

mattan 是计算机的用户名，然后是@和计算机的名称 Mattans-Macbook-Pro，接下来是一个空格和符号~。它实际上告诉你现在正处于计算机的某个位置。没错，当你打开命令行时，你就在计算机的某个位置上，稍后会详细介绍。最后有一个%和一个空格，以及一个矩形光标（书中未印刷）。

到目前为止，我们一直在展示 macOS 系统的命令行，在 Windows 系统上，你会看到类似这样的内容：

```
(base) PS C:\Users\mattan>
```

这一行代码同样以(base)开头，它的含义与 macOS 系统上的一样。然后是 PS，代表 PowerShell。接下来是 C:\Users\mattan，代表你在计算机上的位置（稍后我们会解释它的含义）。之后是一个>和一个空格。最后是一条闪烁的线（光标，书中未印刷）。

闪烁光标也称为**提示符**，它提示在后面的区域可以进行输入。在提示符处，可以输入相关命令，并按"Enter"键查看命令的输出。

1.4.1 pwd 命令

输入命令 pwd 并按"Enter"键。在 macOS 系统上，你会看到类似这样的内容：

```
/Users/mattan
```

在 Windows 系统上，内容可能是这样的：

```
Path
------
C:\Users\mattan
```

我们到底用 pwd 做了什么？命令 pwd 代表**输出工作目录**。通过运行 pwd 命令，计算机会告诉我们当前所处的目录。

从现在开始，当我们说"运行"命令时，我们的意思是打开命令行工具，在提示符中输入命令，然后按"Enter"键。有的时候我们会这样表示：

```
% pwd
/Users/mattan
```

在这里，我们删除了命令行中的其他信息，并用%代表提示符。这是一种常见的写法。每当你在代码前面看到%时，就意味着应该将其输入或复制并粘贴到命令行中（但不要输入%符号本身）。有时你不会看到%，这时是否在命令行中运行命令取决于你自己。虽然在开始时这可能不太好懂，但它慢慢会变得很直观。

接下来，继续运行 pwd 命令 3 次，每次都大喊"输出工作目录"。这将帮助你记住它。

1.4.2 open .命令和 start .命令

我们一直在说，当你打开命令行时，你就在计算机的某个位置上。这是什么意思？如果你使用的是 macOS 系统，请尝试运行以下命令（切记不要实际输入%）：

```
% open .
```

（单词 open、一个空格和一个英文句点。）

如果你使用的是 Windows，请尝试运行以下命令：

```
% start .
```

（单词 start、一个空格和一个英文句点。）

这个命令会打开一个新窗口，其中包含着一些目录。这个窗口就是你当前所处的目录，也是你打开命令行时默认所处的位置。它被称为**主目录**。

顺便说一句，我们知道现在抛出了很多新术语，但你不必全都记住。我们在此提及它们，只是为了当你再看到时能回想起来。但不要为了记住它们而感到紧张。我们会特别指出你需要记住的术语。

1.4.3 ls 命令

试着运行 ls 命令，下面是该命令的输出。你能看出它的功能吗？

```
% ls
anaconda3
Applications
Desktop
Documents
Downloads
Movies
Music
Pictures
Public
```

Windows 用户可以看到更多的内容，包括文件上次写入的时间和文件大小。如果这让你觉得困惑，则可以忽略这些多出来的内容。如果将 ls 的输出用 open .命令或 start .命令打开的窗口进行比较，你会发现它们包含相同的目录（参见下图）。

ls 命令代表的是 list（罗列），其功能是"告诉用户在当前目录下有什么目录和文件"。

1.4.4 cd 命令

还有一个你需要了解的命令是 cd，它是 change directory（改变目录）的缩写。cd 命令可以帮你从当前目录切换到另一个目录，就像这样：

```
% cd Desktop
```

这个命令没有任何的输出。但是当你运行 pwd 的时候，你会发现当前目录已经改变了：

```
% pwd
/Users/mattan/Desktop
```

cd 命令可以帮你切换到当前目录下的任何一个目录。（从技术角度来讲，cd 是命令，空格后面的内容，也就是目录的名字，称为**参数**。）

如果要移动到名称中包含空格的目录中，则需要将目录名称放在引号中。例如：

```
% cd "Work Documents"
```

因为命令行会将每个空格解释为一个参数，所以它不知道你输入的其实是一个目录的名称。在日常使用中，开发人员通常在目录和文件名称中使用_（下划线）代替空格以避免歧义。

如果你发现自己在一个没有任何子目录的目录中，并且想返回，则可以运行以下命令：

```
% cd ..
```

".."代表当前目录的上级目录（有时也叫"父目录"）。所以运行 cd .. 的作用是"带用户返回上级目录"。

现在你已经掌握了使用命令行在计算机中移动位置所需的 3 个命令——pwd、ls 和 cd。还有数百个其他命令，但只要知道这 3 个，你就可以运行 Python 代码了。

下面花几分钟练习一下。在你计算机上的某个位置随机选择一个目录，打开命令行，看看你能否到达这个目录。如果你在任何时候"迷路"了，则可以运行以下命令：

```
% cd ~
```

以~（浪纹线）作为参数的 cd 命令将带你回到主目录（你第一次打开命令行时的起始位置）。在最坏的情况下，你还可以退出并重新打开命令行，这也会带你回到主目录。

1.4.5 clear 命令

虽然 clear 命令不是特别重要，但它可以帮你清除之前所有命令的输入和输出：

```
% clear
```

如果你不喜欢每次使用命令行的时候看到一堆混乱的文字，那么 clear 命令会很有帮助。

1.4.6 为代码创建一个目录

现在你已经学习了一些基本的命令，可以在桌面上创建一个新目录，以便保存在阅读本书时编写的代码。建议你将此目录放在你的桌面上，以便查看和返回。你也可以在任何地方创建这个新目录，只要你知道以后如何找到它。

打开一个新的命令行窗口或运行 `cd ~` 来确保你在主目录中：

```
% cd ~
% pwd
/Users/mattan
```

运行 `cd` 命令进入 Desktop 目录：

```
% cd Desktop
% pwd
/Users/mattan/Desktop
```

再运行下面的命令：

```
% mkdir code
```

检查你的桌面，你应该会看到一个名为 code 的空目录。之所以之前没有教你 `mkdir` 命令，是因为右键单击桌面上的某处并选择"新建文件夹"可能更容易，现在我们向你展示这个命令是因为它很有趣。

你刚刚在命令行中创建了一个新目录，但还没有进入其中，因此仍然需要运行 `cd` 命令：

```
% cd code
% pwd
/Users/mattan/Desktop/code
```

成功了！现在关闭命令行，重新打开，再次尝试进入你的新目录。多做几次，你会更熟练。

1.5 欢乐时光

现在我们已经学习了命令行，但是可以暂时放下它，下面来运行我们的第一段 Python 代码吧！（如果你暂时不明白"运行 Python 代码"这句话是什么含义也没关系，接下来你会慢慢了解。）

我们在随书代码中提供了一个名为 happy_hour.py 的文件。在 Python 中，包含可运行代码的文件有时被称为脚本。暂时不要考虑文件里的内容。

先将这个文件移动到你在桌面上新创建的 code 目录中。这样你以后就可以很容易地找到它。然后打开一个新的命令行窗口。使用 `cd` 命令导航到你的 code 目录（还记得如何在命令行上执行此操作吗？如果忘了，请回看 1.4.4 节）。最后，运行 `pwd` 命令和 `ls` 命令以确保你位于正确的目录中。

```
% pwd
/Users/mattan/Desktop/code
% ls
happy_hour.py
```

你应该会发现 happy_hour.py 文件已经被放到了 code 目录中。请确保在运行 ls 后能看到它，否则接下来将无法工作。如果你没有看到它，则你要么没有将文件移动到正确的目录中，要么没有在命令行中导航到该目录。

接下来，在命令行中输入 python happy_hour.py 并按 "Enter" 键来运行该文件：

```
% python happy_hour.py
How about you go to McSorley's Old Ale House with Mattan?
```

哈哈，真有趣！你得到同样的结果了吗？

在尝试运行该命令时你可能会遇到错误。这很常见。即使没有遇到错误，了解可能出现的不同类型的错误也是有必要的，因为你一定会在未来的某个时候遇到错误。

你可能会遇到这样一个错误：

```
can't open file 'happy_hour.py': [Errno 2] No such file or directory.
```

如果出现该错误，则表示找不到你要运行的文件。你可能在错误的目录下，或者并没有将文件移动到正确的位置。回顾一下整个步骤，以确保文件位于正确的位置（桌面上的 code 目录中）。

另一个可能的错误则像这样：

```
% python
Python 3.8.3 (default, Jul 2 2019, 16:54:48)
[Clang 10.0.0 ] :: Anaconda, Inc. on darwin
Type "help", "copyright", "credits" or "license" for more information.
>>> happy_hour.py
NameError: name 'happy_hour' is not defined
>>> python happy_hour.py
SyntaxError: invalid syntax
```

这个错误很有趣，但解释起来稍微复杂一些。如果你在按 "Enter" 键前只输入了 python，而没有添加空格并在最后输入 happy_hour.py，那么你就会不小心打开交互模式（稍后会介绍），此时需要退出交互模式。第一种方式是输入 exit() 并按 "Enter" 键；第二种方式是按 "Ctrl+D" 快捷键（在 macOS 系统上）或者 "Ctrl+Z" 快捷键（在 Windows 系统上）。退出后，就会回到命令行提示符处。

假设你的文件正常运行了，你也有可能看不到与示例中相同的输出。尝试重复运行几次，看看会得到什么。（请注意，如果你按向上的箭头键，那么你运行的最后一段代码将显示在终端中，而无须重复输入。）

```
% python happy_hour.py
How about you go to The Back Room with Mattan?
% python happy_hour.py
How about you go to Death & Company with Samule L. Jackson?
% python happy_hour.py
How about you go to The Back Room with that person you forgot to text back?
```

每次输出都不同，这是为什么？

在解释之前，希望你自己尝试在文本编辑器（Atom）中打开 happy_hour.py 并自行阅读代码。可以通过以下两种方式执行此操作。

(1) 打开 Atom，点击"文件" > "打开"，找到文件并点击"打开"。

(2) 右键单击 happy_hour.py，选择"打开方式"，在列表中找到 Atom。

不幸的是，默认情况下仅双击 happy_hour.py 可能不会在 Atom 中打开该文件（操作系统将使用计算机的默认文本编辑器打开它）。不过，让 Atom 成为默认的文本编辑器相当容易。有关说明请参阅下面的"更改 .py 文件的默认文本编辑器"。

更改 .py 文件的默认文本编辑器

要更改 macOS 系统上 .py 文件的默认文本编辑器，请右键单击任何扩展名为 .py 的文件，然后选择"获取信息"。在"打开方式"下找到 Atom，然后点击"全部更改"按钮将更改应用到所有的 .py 文件。

在 Windows 系统上，访问"开始"菜单，搜索"默认应用程序"并点击它，向下滚动窗口并点击"按文件类型选择默认应用程序"，再向下滚动到 .py 并选择 Atom 作为默认应用程序。

以上说明会随着操作系统的更新而改变，因此你可能需要在网上搜索最新的说明。

打开 happy_hour.py 后，你会看到以下内容：

```
import random

bars = ["McSorley's Old Ale House",
    "Death & Company",
    "The Back Room",
    "PDT"]

people = ["Mattan",
    "Sarah",
    "that person you forgot to text back",
    "Samule L. Jackson"]
random_bar = random.choice(bars)
random_person = random.choice(people)

print(f"How about you go to {random_bar} with {random_person}?")
```

这就是 Python 代码了。虽然本书还没介绍任何关于 Python 代码的知识，但你可以尝试花两分钟逐行阅读这段代码，看看是否能弄清楚它大致上做了什么。

千万不要迷失在这段令人眼花缭乱的代码中。你可以自己研究代码的每部分都做了什么。你看到代码中重复的模式了吗？即使完全不懂代码，你也可以寻找一些线索。

准备开始！

现在假设你已经通读了代码。如果没有的话，请现在就开始。能够阅读其他人写的代码，并弄清楚它在做什么以及是怎么做的，这是编程技能的一部分。所以，你需要从现在开始锻炼这个技能。

接下来我们会介绍如何阅读这个文件。先将文件分解为 3 个部分。

第一部分的代码看起来像是做了一些准备工作：

```python
import random

bars = ["McSorley's Old Ale House",
    "Death & Company",
    "The Back Room",
    "PDT"]

people = ["Mattan",
    "Sarah",
    "that person you forgot to text back",
    "Samule L. Jackson"]
```

首先是一行 import random 代码。你可能还不知道这行代码的作用。

接下来的代码似乎创建了两个列表：bars 和 people。你可能还不理解每个字符的确切含义（比如为什么要有方括号[]和引号""），但是能够知道大概的意思。

第二部分的代码看起来做了一些实际的工作：

```python
random_bar = random.choice(bars)
random_person = random.choice(people)
```

我们的猜测（假装我们都是第一次看到这样的代码）是这段代码会从 bars 列表和 people 列表中选择一个随机的"酒吧"和一个随机的"人"。还记得第一行的 import random 吗？也许你在这里看到的 random.choice 与其相关。

第三部分的代码应该是你在命令行中看到的内容，其中{random_bar}和{random_person}似乎会被第二部分随机选择的"酒吧"和"人"所替换：

```python
print(f"How about you go to {random_bar} with {random_person}?")
```

你是否有意识地将文件分成 3 个部分是无关紧要的。我们要与你分享的是如何阅读代码文件——这是我们在一生中看过成千上万个代码文件之后所总结的经验。

除了学习理解代码，你还将学习如何分解问题、阅读和分析的过程，以及最适合你个人的方法。

通常，你会看到代码结构类似的文件。首先，会有一些代码进行准备工作（可以将其比作照着一份食谱准备所有的配料）。其次，会有一些代码进行实际的工作（遵循食谱的步骤制作）。最后，你将得到结果（美味的食物）。

此时，你可能认为我们会开始教你一些有关 Python 的知识，但实际上我们为你准备了一个挑战。

1.5.1　挑战 1：修复欢乐时光的 bug

我们希望你解决以下 3 个问题。

(1) 啊！我们将 Samuel L. Jackson 的名字写错了，你能帮忙改过来吗？

(2) 将一个朋友的名字添加到列表中。你运行时碰到错误了吗？

(3) 程序是否输出了两个随机的人名，而不是一个？

花几分钟尝试一下，但不要超过 5 分钟。

如果你被“卡住”了，坚持一下。但如果失败了，也不要太沮丧。这些测试的目的是挑战你当前的极限，这样你的思维就会扩展一些，并且有望学到新的东西。不要因为沮丧而放弃。

你解决问题了吗？第一个问题应该很容易。只需在这一行（第 11 行）代码中交换 l 和 e：

```
"Samule L. Jackson"]
```

这一行代码变成了下面这样：

```
"Samuel L. Jackson"]
```

恭喜你！你刚刚编辑了你的第一行代码。

不要忘记保存你的更改。很多初次编程的人会忘记保存他们的更改，这导致他们一直无法理解为什么代码无法像期望那样工作。

包含代码的文件就像 Microsoft Word 文件或 Excel 文件。如果你进行了更改但忘记保存，那么你的更改实际上不会生效。它会一直处于不确定状态，直到你尝试关闭文件（在这种情况下，它会发出类似“你要保存所做的更改吗？”的询问）。

想象一下，如果你对 Microsoft Word 文件进行了更改，但忘记保存，然后通过电子邮件将文件发送给朋友或同事。他们是会看到你改后的新版本，还是会看到旧版本？他们将看到旧版本，除非你先保存，然后将新版本的文件发送给他们。代码的运行方式是一样的。

换句话说，如果你想在命令行中运行更改之后的代码，请确保先保存你的代码。

巧合的是，Atom 有一个小技巧可以帮你检查是否有还未保存的更改。Atom 顶部的选项卡包含文件的名称。如果对文件进行了更改但尚未保存，你就会看到一个蓝色的·（如，happy_hour.py·）。

当你保存文件后，·会随之消失。之后当你在命令行中运行代码时，这些代码将与你在 Atom 中看到的代码完全一致。

让我们回到 happy_hour.py 文件。对于第二个问题，将朋友的名字添加到 people 列表中，如果善于观察细节，那么你可能会注意到 people 列表中的每个条目都带有引号，而且每个条目后还有一个逗号（最后一个条目除外）。因此，如果将 Daniel 添加到列表中，那么代码就会变成这样：

```
people = ["Mattan",
    "Sarah",
    "that person you forgot to text back",
    "Samuel L. Jackson",
    "Daniel"]
```

下面是一个常见的错误：

```
people = ["Mattan",
    "Sarah",
    "that person you forgot to text back",
    "Samuel L. Jackson"
    "Daniel"]
```

发现区别了吗？这个区别很细微，第二个例子在倒数第二行的末尾缺少一个逗号：

```
    "Samuel L. Jackson"
```

这会引入一个很难发现的问题，即当你尝试运行该文件时它不会产生错误，而且这个问题不一定会马上出现：

```
% python happy_hour.py
How about you go to Death & Company with that person you forgot to text back?
% python happy_hour.py
How about you go to PDT with Samuel L. JacksonDaniel?
```

你看到在第二次运行文件时发生了什么吗？Samuel L. Jackson 和 Daniel 被混在了一起，所以我们看到的是 Samuel L. JacksonDaniel。

为什么会发生这种情况呢？在了解字符串和 print() 函数之后，你就能更好地理解这个情况了。现在，你暂时只需要知道没有逗号时，这个文件运行后就不会得到正确的结果。

在学习编程时，经常让初学者感到困惑的一件事是，缺少逗号之类的小细节可能会使代码无法运行，或者至少无法正常运行。

计算机无法像人类那样解释文本。当看到一个缺少逗号的文本时，人类可以正常阅读并且假设那里有一个逗号。相比之下，计算机不会做任何假设。如果你不将其写入代码中，那么计算机就不会执行。这是一件好事，因为这意味着你的计算机永远不会做你没有告诉它的事情。但这也很烦人，因为它意味着你必须对所有细节都很严谨。

我最喜欢的例子是 "Let's eat Grandma!（我们吃奶奶！）" 这句话。这与 "Let's eat, Grandma!（我们吃饭吧，奶奶！）" 这句话的意思完全不同。请记住：标点符号可以 "拯救生命"。

如果你因为自己不是一个注重细节的人而感到害怕，没关系。这需要一点儿时间来克服，但最终你无须花太多时间思考，你的眼睛会自然地注意到这些小细节。

回到挑战的最后一个问题：更改代码，使其输出两个随机名称，而不是一个。到目前为止，这是挑战中最困难的部分。如果你没有弄明白，也没关系，关键是看这一行代码：

```
random_person = random.choice(people)
```

你是否猜到，如果添加同样的一行代码，就可以从 people 列表中随机选择另一个人名？就像这样：

```
random_person2 = random.choice(people)
```

你可能还创建了第二份 people 列表，但其实没有必要这样做，你可以从同一个列表中提取。

要得到想要的结果，你还需要做的一件事是更改 print 行：

```
print(f"How about you go to {random_bar} with {random_person}?")
```

添加第二个随机选择的人名：

```
print(f"How about you go to {random_bar} with {random_person} and
{random_person2}?")
```

请注意，我们的这行代码已经变得很长了。值得一提的是，在 Python 中，换行符很重要。这行代码虽然在本书中输出为两行，但在代码中需要全部在同一行，否则 Python 将无法运行它。我们稍后会回到这个话题。现在，我们已尽可能地将 Python 代码中较长的代码分解为较短的代码，以便它们在书中和在代码中可以保持一致。但在某些情况下，由于书中一行的字符数有限，因此需要在代码中处于同一行的内容可能在本书中会分为两行展示。

回到我们的文件，让我们运行几次更新过后的代码：

```
% python happy_hour.py
How about you go to McSorley's Old Ale House with Mattan and Daniel?
% python happy_hour.py
How about you go to The Back Room with Samuel L. Jackson and Sarah?
```

现在你可能很开心，但是如果多运行几次代码，你可能会发现一个问题：

```
% python happy_hour.py
How about you go to McSorley's Old Ale House with Daniel and Daniel?
```

每隔一段时间，随机选择的两个人会是同一个人。在计算机编程中，这种类型的问题有时称为 bug 或边界情况（edge case）。边界情况的意思是，你的代码大部分时间正常工作，但偶尔会出错。

你可能希望我们告诉你如何修复这个 bug。但这一次，我们将反过来问你：你会如何修复？

花一些时间，至少从概念出发考虑一下如何解决这样的问题。基于你当前对 Python 的了解，可能还无法解决这个问题，但我们很快会回到这个问题上。

1.5.2　挑战 2：编写你自己的随机数生成器脚本

我们给你准备了一个终极挑战。挑战的内容是花 10 分钟左右的时间创建你自己的随机数生成器脚本。（请记住，脚本只是一个文件，它包含可运行的 Python 代码。）

网上有很多关于随机数生成器脚本的想法，其中一些非常受欢迎。而我们最喜欢的例子有两个，下图是其中之一。

上图所示的 It's This for That 网站通过将创业流行语与利基市场相结合，可以产生随机的创业想法。

下图是我们最喜欢的另一个例子。

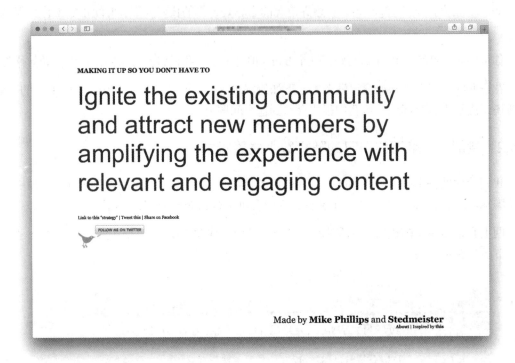

上图所示的 What the f*** is my social media "strategy"? 网站通过混合流行的营销短语来生成随机的社交媒体策略。令人惊讶的是，很多读起来像真的一样。

使用 happy_hour.py 作为模板，模仿上面的例子，花 10 分钟创建你自己的随机数生成器脚本。如果你为自己的脚本感到自豪，那么可以通过电子邮件发送给我们：authors@pythonformbas.com。我们很想看看你做出了什么。

1.6　总结

在本章中，我们介绍了 Python 编程语言，并初步展示了可以使用它做什么。我们还搭建了一个开发环境，包括安装 Python 和文本编辑器，并介绍了命令行工具。

此外，我们运行了第一个 Python 脚本——欢乐时光，并查看了它背后的代码。我们修改了一些代码，并参考它创建了我们自己的 Python 脚本。

在第 2 章中，我们将深入了解 Python 的基础知识，并更好地理解我们接触到的一些新概念和工具。

第 2 章

Python 基础（一）

你已经学习了如何"运行"Python 代码，但还没有掌握 Python 脚本的基本结构。本章将开始介绍 Python 的基本功能。

2.1 本章内容简介

在本章结束时，你将能使用 Python 脚本创建一个可以接收用户输入、支持对输入做些处理，并产生输出的程序。你将学会用两种方式来运行 Python 代码，掌握如何使用 print() 函数、如何解读和排除 Python 代码中的错误、如何写注释，了解变量和常用的基础数据类型（比如浮点数、整数、字符串等），并知道如何获取用户输入。

2.2 运行 Python 代码的两种方式

运行 Python 代码的方式有两种。第一种是使用命令行来执行脚本，如下所示：

```
% python script.py
```

把任何有效的 Python 代码保存在扩展名为.py 的文件中都会形成一个脚本。Python 脚本可以使用任何文本编辑器（包括但不限于 Atom）创建。

你可能会想：".py 扩展名有什么特别之处？"答案是"没有"。

例如，你可以将 happy_hour.py 重命名为 happy_hour. txt 或 happy_hour. html。（现在很多操作系统隐藏了文件扩展名，因为它们认为大多数人不愿意看到它们。如果你想在默认情况下看到文件扩展名并修改它们，则可能需要修改系统设置。）

文件名末尾的文件扩展名的作用是告诉你的计算机在双击它时使用什么应用程序来打开它。例如，默认情况下，带有.txt 扩展名的文件将使用计算机上安装的任何纯文本编辑器打开，而带有.html 扩展名的文件将由默认浏览器打开。.py 扩展名会告诉你的计算机该文件是包含 Python 代码的文本文件，并且当你双击它时，你的计算机会使用默认的文本编辑器打开它。我们在 1.5 节的

"更改.py 文件的默认文本编辑器"中讨论过如何设置默认应用程序来打开某种类型的文件。

运行 Python 代码的第二种方式是在命令行中输入 python（后面没有文件名）并按"Enter"键来进入 Python 的**交互模式**：

```
% python
Python 3.8.3 (default, Jul 2 2019, 16:54:48)
[Clang 10.0.0 ] :: Anaconda, Inc. on darwin
Type "help", "copyright", "credits" or "license" for more
information.
>>>
```

进入交互模式后，你能看到很多与 Python 安装版本相关的信息，以及一些额外的提示，比如输入 help 等能获得更多的信息。在本书的后续章节中，我们将忽略这些信息，并用下面这种简约的形式来展示代码：

```
% python
>>>
```

请注意，提示符已变更为>>>，这意味着你不再处于命令行中，而是处于 Python 的交互模式中，此时任何命令行命令（如 pwd、ls 或 cd）都不能执行：

```
% python
>>> pwd
Traceback (most recent call last):
    File "<stdin>", line 1, in <module>
NameError: name 'pwd' is not defined
>>>
```

但在这里你可以使用 Python 代码，试试这个：

```
% python
>>> 1 + 1
2
>>> print("Winter is coming.")
Winter is coming.
>>> "Mattan" * 1000
'MattanMattanMattanMattanMattanMattanMattanMattanMattan
MattanMattan ...
```

哇，好多 Mattan 呀！以下是从 Python 的交互模式中退出并返回命令行的 3 种方法。

(1) 在 macOS 系统上按"Ctrl+D"快捷键。

(2) 在 Windows 系统上按"Ctrl+Z"快捷键。

(3) 输入 exit() 并按"Enter"键。

如果忘记如何退出，那么可以直接输入 exit 并按"Enter"键，系统会提醒你如何操作：

```
>>> exit
Use exit() or Ctrl-D (i.e. EOF) to exit
```

这里的 EOF 代表**文件结束**，意思是没有更多的 Python 代码要执行。

为什么要使用交互模式而不是在文件中编写代码呢？

如果你不知道想做什么，或者不知道该怎么做，那么可以在 Python 的交互模式下先尝试一下你的代码和想法。如果你确定了要使用的代码，那么就可以把它们保存在一个文件中，这样以后你就可以运行这个文件，而不是每次都重写相同的代码。

让我们先离开交互模式，稍后再回到这个话题。

2.3 输出

现在，你可以在 code 目录中创建一个名为 print.py 的新文件，步骤如下。

(1) 打开 Atom，它默认会帮你打开一个空文件，如果没有打开，那么也可以选择"文件"＞"新建文件"。

(2) 选择"文件"＞"保存"（或在 macOS 系统上按"Command+S"快捷键，在 Windows 系统上按"Ctrl+S"快捷键）。

(3) 在保存界面选择目标目录，比如导航到桌面上的 code 目录。

(4) 在保存界面将文件名更改为 print.py（不要忘记添加.py 扩展名）。

(5) 点击"保存"按钮。

回到桌面，双击 code 目录，你会发现有一个名为 print.py 的新文件正在其中。回到 Atom 中，找到你刚创建的空文件并输入下面的代码：

```
print("Winter is coming.")
```

现在保存文件，然后在命令行中运行：

```
% python print.py
Winter is coming.
```

整个过程顺利吗？如果有问题，那么你要查看一下文件保存的位置，以及是否在同一个目录下面执行命令行（可以使用 ls 命令来检查是否能看到 print.py 文件）。print()是一个将内容输出到命令行的函数。我们会在后续的章节中介绍更多的函数，并在 4.2 节中深入讨论函数相关的内容。现在，你只需要知道函数有一个名字，名字后面紧跟括号（如 print()），函数接收括号里的内容作为参数，同时括号也用于区分函数和一般变量（稍后会介绍）。

下一步，在 print.py 文件中再增加一行内容：

```
print("Winter is coming.")
print("You know nothing", "Mattan Griffel")
```

你可以在第二个 print 中的第二部分用你自己的名字而不是"Mattan Griffel"，这样能看到不同的效果。保存文件，然后再运行一次你的程序：

```
% python print.py
Winter is coming.
You know nothing Mattan Griffel
```

在运行程序之前请确保最新的修改已经被保存，这样才能输出新的一行。在第二个 print 函数中，我们用逗号分隔的方式写了两个文本"You know nothing"和"Mattan Griffel"，但 Python 将逗号转换为空格并将这两个文本合并输出了。

使用 Python 2 中的输出功能

在 Python 2（上一个版本的 Python）中，你可以写 print "hi"（不带圆括号）去执行输出操作，在 Python 3 中则不能这样做。不写圆括号可能是你使用 Python 3 时出现的第一个错误。将这段代码复制到 Python 3 中并执行，你会看到出错信息：

```
>>> print "hi"
  File "<stdin>", line 1
    print "hi"
             ^
SyntaxError: Missing parentheses in call to 'print'. Did you mean print("hi")?
```

因为你在 Python 3 中执行了 Python 2 的代码，所以必须要在 print 后面的文本周围手动添加圆括号来解决上面的问题，如下所示。

```
>>> print ("hi")
hi
```

输出挑战

现在，花点儿时间用你最喜欢的歌词或者诗词来修改 print.py 中的代码。下面是我写的内容（其中有一行是用粗体显示的，后面你会明白为什么要这样做）：

```
print("since feeling is first")
print("who pays any attention")
print("to the syntax of things")
print("will never wholly kiss you;")
print("wholly to be a fool")
print("while Spring is in the world")

print("my blood approves")
print("and kisses are a better fate")
print("than wisdom")
print("lady i swear by all flowers. Don't cry")
print("—the best gesture of my brain is less than"
print("your eyelids' flutter which says")
```

```
print("we are for each other: then")
print("laugh, leaning back in my arms"
print("for life's not a paragraph")

print("and death i think is no parenthesis")
```

这是我最喜欢的一位诗人爱德华·埃斯特林·卡明斯（Edward Estlin Cummings）所写的
Since Feeling is First，现在执行这个程序，输出内容如下所示：

```
% python print.py
    File "print.py", line 13
        print("your eyelids' flutter which says")
                    ^
SyntaxError: invalid syntax
```

啊！出错了，这是怎么回事？（注意：这个错误是由上面的代码引起的，但你在写自己版本
的 print 时，可能没犯这个错误，所以你可能不会得到这个错误消息。尽管如此，后面会讨论如
何解决 Python 代码中的错误，请耐心读完后续章节。）

当你第一次看到程序错误消息时，可能会不知所措，并想要放弃。我想说这没关系，你要把
错误消息当成朋友，它只是想告诉你程序为什么出错了。在写 Python 代码的时候，你时不时会遇
到错误消息，所以你最好习惯它们并学习如何解决它们。

下一步，我们将带你更深入地了解 Python 的错误消息。

2.4　解决错误并学会使用搜索引擎

让我们再来看一下这个错误消息：

```
File "print.py", line 13
    print("your eyelids' flutter which says")
            ^
SyntaxError: invalid syntax
```

这个消息想告诉我们什么？消息的第一部分 File "print.py"是 Python 遇到错误时运行的文
件。这看起来相当明显，因为你正在运行 print.py。但你想象一下，如果需要写大量的代码，那
么程序员就需要一种结构来组织代码，其中一种很好的方式就是把代码切分成多个文件，这些文
件互相共享一些代码（4.3 节将对此进行介绍）。当你的代码分散在很多个文件中时，了解哪个文
件有特定的错误将非常有帮助。

消息的下一个部分，即 line 13，意思是在代码的第 13 行发生了错误。再看看错误消息的
后面两行：

```
print("your eyelids' flutter which says")
    ^
```

这是 Python 运行时遇到错误后输出的实际代码，Python 在认为出错的地方用^来标记。^标记的出错位置有时候也不准确，这只是 Python 执行程序的最佳猜测。

错误消息的最后一行是 `SyntaxError: invalid syntax`，包括出错类型（你将遇到一些常规错误类型）和特定的错误消息。

我们可以从这个错误消息中了解到什么吗？不幸的是，信息很少。Python 的错误消息有时候有用，有时候没用。在这个例子里面，即使仔细检查第 13 行代码（在我们前面的示例中以粗体显示），也没发现什么问题。那现在该怎么办？

我们用 Google 搜索一下。[1] 信不信由你，成为一名优秀的程序员的一个重要部分就是通过 Google 搜索找到你还不知道如何解决的问题的答案。最重要的是，你要学会如何排除故障并自主解决问题，而不是让别人给你提供答案。（有时候我们也没有答案！）

当我们遇到一个从未遇到过的 Python 错误消息时，几乎总是第一时间就使用搜索引擎，比如 Google（参见下图）。

在搜索框里输入错误消息并加上"python"，比如"python - 'Syntax Error: invalid syntax' for no apparent reason ..."。在 Google 搜索结果里，你经常会看到一个名为 Stack Overflow 的网站。

这是一个很受开发人员喜欢的网站，开发人员可以在上面发布问题，其他一些开发人员会免费回答问题。免费的技术支持，多棒啊！因为 Python 是一种非常流行的编程语言，所以你遇到的错误很可能其他人也遇到过，并且已经解决了。

下图是 Google 搜索结果中给出的第一个 Stack Overflow 页面的屏幕截图。

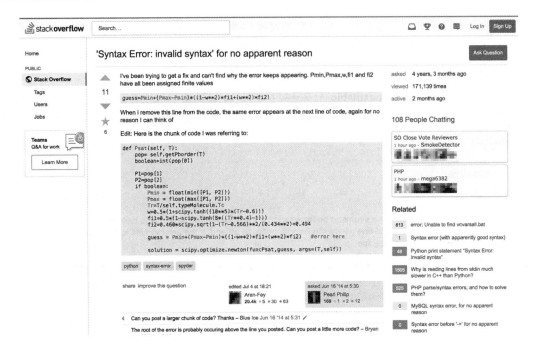

我们来看一下这张图。注意，图中问题的标题是 'Syntax Error: invalid syntax' for no apparent reason，和我们的问题非常相似。

在问题的描述部分，提问者已经给出了产生这个错误的代码。当问一个问题时，以下内容可以帮助你快速获得有用的答案。

(1) 问题简介：你想干什么？发生了什么事？（包括实际的错误消息。）
(2) 问题重现的步骤：帮助其他人复现问题，理想情况下，其他人可以直接把这一小段代码复制并粘贴到 Python 中以重现错误。
(3) 任何跟问题可能相关的代码。

在提问前，我们强烈推荐你阅读 Stack Overflow 中的文章"How Do I Ask a Good Question?"（如何提出一个好问题？）

在 'Syntax Error: invalid syntax' for no apparent reason 问题中，请注意提问者是如何用出现错误的代码行来总结问题的（参见下图）。

> I've been trying to get a fix and can't find why the error keeps appearing. Pmin,Pmax,w,fi1 and fi2
> have all been assigned finite values
>
> ```
> guess=Pmin+(Pmax-Pmin)*((1-w**2)*fi1+(w**2)*fi2)
> ```
>
> When i remove this line from the code, the same error appears at the next line of code, again for no
> reason I can think of

这个问题里面包含了很多代码，你没有必要确切地理解它在做什么。在 Stack Overflow 上的每个问题下面，你会看到很多评论要求更多信息或者澄清对问题的理解。你也能在评论中看到大家提交的答案。针对这个例子，评论已经给出了几个答案。

截至撰写本章时，用户 paxdiablo 于 2014 年 6 月 16 日发布了最佳答案。最佳答案旁边都会有一个复选标记（√），这意味着原始提问人认为这个答案解决了他的问题。让我们来看看这个答案（参见下图）。

2 Answers

active   oldest   **votes**

39

For problems where it seems to be an error on a line you think is correct, you can often remove/comment the line where the error appears to be and, if the error moves to the next line, there are two possibilities.

Either *both* lines have a problem or the *previous* line has a problem which is being carried forward. The most *likely* case is the second option (even more so if you remove another line and it moves again).

For example, the following Python program `twisty_passages.py` :

```
xyzzy = (1 +
plugh = 7
```

generates the error:

```
  File "twisty_passages.py", line 2
    plugh = 7
          ^
SyntaxError: invalid syntax
```

despite the problem clearly being on line 1.

In your particular case, that *is* the problem. The parentheses in the line *before* your error line is unmatched, as per the following snippet:

```
# open parentheses: 1  2             3
#                    v  v             v
fi2=0.460*scipy.sqrt(1-(Tr-0.566)**2/(0.434**2)+0.494
#                                 ^             ^
# close parentheses:              1             2
```

Depending on what you're trying to achieve, the solution *may* be as simple as just adding another closing parenthesis at the end, to close off the `sqrt` function.

I can't say for *certain* since I don't recognise the expression off the top of my head. Hardly surprising if (assuming PSAT is the enzyme, and the use of the `typeMolecule` identifier) it's to do with molecular biology - I seem to recall failing Biology consistently in my youth :-)

share edit flag   edited Jul 16 '16 at 4:22   answered Jun 16 '14 at 5:34

paxdiablo
612k ● 166 ● 1218 ●
1646

这个答案中提到，有时 Python 会告诉你一个特定的错误出现在某一行，但是如果你删除了那一行，错误就会跳到下一行，例如：

```
xyzzy = (1 +
plugh = 7
```

可以肯定的是，如果你运行这段代码，则会得到与之前看到的相同的错误消息：`SyntaxError: invalid syntax`。

这是为什么呢？在 Python 中运行一个文件时，它会从上到下、从左到右读取并执行文件中的所有代码。在示例代码中，第 1 行并不完整：`xyzzy = (1 +`。

Python 在读到这一行的末尾时，如果没有找到另一个要添加的数值或一个右括号，它就会到下一行继续寻找。读到 `plugh = 7` 时，Python 意识到肯定有什么地方错了。然后，它给了我们一个错误消息。

现在回过头来看一下 print.py 中的第 12 行代码（你可能没有一模一样的代码，我们所遇到的问题只是针对这段代码）：

```
print("-the best gesture of my brain is less than"
```

这段代码结尾少了右括号，针对这个问题，我们可以快速进行修复：

```
print("-the best gesture of my brain is less than")
```

现在再运行一下代码：

```
% python print.py
    File "print.py", line 17
        print("for life's not a paragraph")
                ^
SyntaxError: invalid syntax
```

这是怎么回事？这个问题刚才不是已经解决了吗？你可能会感到沮丧，因为这种情况经常发生。仔细看一下错误消息，你会发现这个错误实际上与你之前看到的错误已经不一样了。现在它说错误在代码的第 17 行。

你有时候会在代码中犯很多个错误，其中一个错误会掩盖另一个。查看下一个错误的唯一方法是一次修复一个错误。信不信由你，这是进步。别灰心，坚持下去。

我们建议你在编写代码时逐行运行代码。有时候你很难弄清楚自己做错了什么以及哪里出了错，通过这种方法，你可以在出错时捕获错误，而不是在最后一次捕获所有错误。

果然，回到提示出错的前一行，即第 16 行，你会发现这里也少了一个右括号：

```
print("laugh, leaning back in my arms"
```

给第 16 行代码结尾加上右括号，现在程序可以正常运行了：

```
% python print.py
since feeling is first
who pays any attention
to the syntax of things
will never wholly kiss you;
wholly to be a fool
while Spring is in the world
my blood approves
and kisses are a better fate
than wisdom
lady i swear by all flowers. Don't cry
-the best gesture of my brain is less than
your eyelids' flutter which says
we are for each other: then
laugh, leaning back in my arms
for life's not a paragraph
and death i think is no parenthesis
```

关于这个例子，你会发现 Python 并没有将代码中的空行输出到命令行中。Python 在执行时，会跳过空的代码行。你能想出如何在命令行中输出一个空行吗？我们把这个问题留给你自己去试验。

2.5　注释

在 print.py 文件内容的最前面，我们可以添加一些额外信息（你也可以将这部分内容替换为你选择的歌曲或诗歌的标题和作者）：

```
# "Since feeling is first" by e e cummings
...
```

（…表示代码文件的其余部分，出于篇幅限制，我们不会每次都向你展示完整的代码示例。）

在 Python 中，用#开头的行被称为"注释"。Python 在执行中也会跳过注释的内容，所以注释在诸如提供额外信息、给阅读你代码的其他开发人员提供记录，或者给自己作记录（如待办事项）之类的情况下很有用。你也可以将注释放在代码行的末尾，如下所示：

```
print("lady i swear by all flowers. Don't cry") # I love this line
```

注释对于排除故障也很有用。因为 Python 会跳过#后面的任何内容，所以你可以"注释掉"一堆代码行（而不是简单地删除它们），然后看看程序在没有这些代码行时的运行结果：

```
# "Since feeling is first" by e e cummings
print("since feeling is first")
print("who pays any attention")
print("to the syntax of things")
print("will never wholly kiss you;")
print("wholly to be a fool")
print("while Spring is in the world")
```

```
# print("my blood approves")
# print("and kisses are a better fate")
# print("than wisdom")
# print("lady i swear by all flowers. Don't cry") # I love this line
# print("—the best gesture of my brain is less than")
# print("your eyelids' flutter which says")

print("we are for each other: then")
print("laugh, leaning back in my arms")
print("for life's not a paragraph")

print("and death i think is no parenthesis")
```

当我们运行代码时，这些被注释的行会被跳过：

```
% python print.py
since feeling is first
who pays any attention
to the syntax of things
will never wholly kiss you;
wholly to be a fool
while Spring is in the world
we are for each other: then
laugh, leaning back in my arms
for life's not a paragraph
and death i think is no parenthesis
```

Atom 中有方便的快捷键可以注释掉代码。当你选择一行或者多行代码后，在 macOS 系统上按 "Command+/" 快捷键，在 Windows 系统上按 "Ctrl+/" 快捷键，即可将其注释掉。现在就试试吧，如果你忘记了快捷键，那么也可以在 Atom 中的 "编辑" 菜单下选择 "切换注释" 选项。

2.6 变量

本节会介绍 Python 中的一个重要概念——变量。如果你在高中上过代数课，那么很可能已经知道变量是怎么工作的。这是一个简单的示例：

```
a = 1
b = 2
c = a + b
```

c 的值是什么？如果你回答是 3，那么你就答对了，所以你知道变量是怎么工作的了。变量就是代码里存储东西的地方。你可以把它们想象成一个个小盒子，里面装的是数值或者字符串之类的东西。为了练习怎么使用变量，我们来创建一个名为 variables.py 的新文件，并把下面的内容添加进去：

```
# Variables are just nicknames
# they're plain, lowercase words
```

```
name = "Mattan Griffel"
orphan_fee = 200
teddy_bear_fee = 121.80
total = orphan_fee + teddy_bear_fee

print(name, "the total will be", total)
```

然后执行上述代码，你会得到如下内容：

```
% python variables.py
Mattan Griffel the total will be 321.8
```

变量和 Python 风格指南

官方 Python 风格指南上说变量应该是"为了增强可读性而使用由下划线分割的小写单词"。所以本书中也会沿用这种风格。

对 Python（或其他编程语言）而言，存在两种规则：**必须遵守的规则**和作为规范**应该遵守的规则**。这些规范是 Python 社区为了标准化代码的编写，或明确或隐晦地讨论和同意过的。目的是使代码更容易被阅读、分享和理解。变量命名就是其中一种规范。

多年前，早在 2001 年 Python 风格指南被发布之前，如果你读其他人的代码，你会发现人们使用了各种各样的变量命名规范，比如驼峰式命名法（camelCase）或者缩写（如 tbf）。这样的例子随处可见，但是这里我们推荐使用由下划线分割的小写单词。

一个有效的理解变量的方法就是把它类比成盒子。我们在搬家时，会把很多东西放到一个盒子里并给它贴上类似于"图书"这样的标签，以便记住盒子里放的是什么。这样将有助于我们更方便地搬家。在 Python 的世界里，变量就像是能装字符串、数值或者列表等的盒子。

创建一个变量并且给它一个值，称为"变量赋值"（本书中会经常使用这个术语，所以你很快就会熟悉它了）。一旦给一个变量赋了值，你就可以在代码的任何地方使用它，不管这个变量盒子里装的是什么，你都可以拿着这个变量在代码里"即插即用"。不过如果你试图使用一个还没有被创建的变量，那么会发生什么呢？例如：

```
...
print(subtotal)
```

当你执行这段代码时，你会得到如下错误消息：

```
    File "variables.py", line 9, in <module>
        print(subtotal)
NameError: name 'subtotal' is not defined
```

注意错误类型（`NameError`）和错误消息（`name 'subtotal' is not defined`）。这也是一种常见的错误类型，它在你不小心拼错变量名的时候会出现。如果你想要让 variables.py 再次运行而不出现错误，那么就需要定义 subtotal 这个变量，或者移除 print(subtotal)这个语句，再或者把这个语句注释掉：

```
...
# print(subtotal)
```

以下是编写代码的一个习惯：等号两边的空格并不是必需的，但是通常我们会加上它们，因为这样可以让代码更容易阅读（如 orphan_fee = 200 和 orphan_fee=200）。

你可能会有这样的疑问："如果我这样做会发生什么？代码能工作吗？"我们的建议是你可以自己试一试看会发生什么。你不太可能犯一个很难被纠正的错误，而针对"如果这样做会发生什么"的问题，答案可能会很随机。为什么在 Python 中这样能工作，那样却不行？这是因为创造这门语言的人就是这么设计的。

学会并且能够自如地使用诸如 Python 之类的编程语言，意味着你做过足够多的尝试从而见过不同的情形下发生的事情。换句话说，如果你不确信会发生什么，那就试试看。

2.7 数值和数学运算

在 Python 中，你可以使用你熟悉的各种符号做数学运算，这没什么奇怪的。创建一个名为 math2.py（若把这个文件命名为 math.py 则会导致一些问题，因为 Python 有一个内嵌的数学模块 math，4.3.1 节会对此进行介绍）的文件。在 math2.py 文件中输入如下代码：

```python
# In Python you can do math using these symbols: # + addition
# - subtraction
# * multiplication
# / division
# ** exponents (not ^)

print("What is the answer to life, the universe, and everything?",
40 + 30 - 7 * 2 / 3)
print("Is it true that 5 * 2 > 3 * 4?")
print(5 * 2 > 3 * 4)
```

运行这段代码，可以得到如下内容：

```
% python math2.py
What is the answer to life, the universe, and everything?
65.33333333333333
Is it true that 5 * 2 > 3 * 4?
False
```

你可能已经注意到了，math2.py 文件的实际代码的第 1 行有一些偏长：

```python
print("What is the answer to life, the universe, and everything?",
40 + 30 - 7 * 2 / 3)
```

如果你了解 Python 代码书写规范，就会知道 Python 代码行最好不超过 80 个字母。为了便于阅读，本书中很长的代码行会被分割成多行展示。然而在 Python 中，把一行代码分割成多行不一定能保证代码正常运行。

解决这个问题的一种方法是把多行 Python 代码放到一对括号中。在我们之前的例子里，把一行变成多行正好都是对的，因为它们已经在 print()函数的一对括号里了：

```
print("What is the answer to life, the universe, and everything?",
40 + 30 - 7 * 2 / 3)
```

这种方法在没有给字符串加入分行符时会生效。当 Python 读到第 1 行代码结束的位置，发现代码还没有把跟第 1 行中左括号匹配的右括号加上时，就会认为下面开始的一行是前一行的延续。

另一种方法是用变量来把代码变短。下面是一个例子：

```
...
answer = 40 + 30 - 7 * 2 / 3
print("What is the answer to life, the universe, and everything?", answer)
...
```

（同样，别输入上述例子中的...，这只是用来告诉你这段代码省略了一些代码，而只把核心代码展示了出来。）

我们经常会用这种方法来让代码变得更可读。好的变量名可以让你的代码变得清晰，因为它们实际上相当于为你的代码增添了注释。

把上述方法都用进来之后，再运行一下这个文件，可以看到代码的效果并没有变：

```
% python math2.py
What is the answer to life, the universe, and everything?
65.33333333333333
Is it true that 5 * 2 > 3 * 4?
False
```

如果你读过《银河系漫游指南》（*The Hitchhiker's Guide to the Galaxy*），就会知道生命和宇宙的奥秘是数字 42，而不是 65.333 333 333 333 33。这个错误结果证明我们忘记了操作符的顺序。编辑 math2.py 文件，为 40 + 30 - 7 加上括号：

```
...
answer = (40 + 30 - 7) * 2 / 3
...
```

现在再次执行 math2.py：

```
% python math2.py
What is the answer to life, the universe, and everything? 42.0
...
```

好了！但是，你注意到一些奇怪的东西了吗？它输出的是 42.0 而不是 42。发生了什么呢？

整数和浮点数

为了理解为什么输出的是 42.0 而不是 42，我们必须更进一步，聊一聊真正的技术了：整数和浮点数的区别。

打开 Python 的交互模式。

```
% python
>>> 1 * 1
1
```

为什么在交互窗口中做这个展示？这是因为如果在文件里面改代码，那么就得输出结果，并且得在每次修改文件之后退到命令行运行这个文件才能看到结果。直接在交互窗口中操作会更加方便。

```
>>>  11 * 11
121
>>>  111 * 111
12321
>>> 1111 * 1111
1234321
>>> 111111111 * 111111111 # 9 个 1
12345678987654321
```

好了，这跟整数和浮点数没有任何关系（我们聊这个只是因为有趣）。让我们回到刚才提及的整数和浮点数：

```
>>> 42
42
>>> 42.0
42.0
>>> 42.000000
42.0
```

对人类来说，42 和 42.0 是同一个数，但是对计算机来说它们是不一样的。我们设想一下，保存一个小数，Python 需要先留出一些空间来保存 42 这个数的整数部分，然后再用其他独立空间来保存小数部分（在这个例子中，小数部分是 0）。对一个整数来说，Python 只需要保存整数部分就可以了。

回到我们说过的"盒子"的类比，如果你搬家时需要搬一个大灯和一些小器皿，那么就得使用不同大小的盒子。同样的情况也发生在这里，当你创建一个变量的时候，Python 会自动确定盒子的大小并把它们创建出来。（在 C++ 等一些其他语言中，编程语言不一定会为你自动创建合适的盒子，你需要自己来指定。）

在编程语言中，"盒子的类型"被称为**数据类型**。一个整数的数据类型在 Python 中被称为"整型"，一个小数的数据类型在 Python 中被称为"浮点型"。我们很快会学习其他的数据类型，比如字符串、列表和字典。但是，对初学者来说，在了解更多的存储数据的方式之前，数据类型的概念可能显得有些抽象和别扭。

总的来说，Python 在处理数据类型这个复杂问题时表现不错。例如，试试下面这几行代码：

```
>>>  2 + 2
4
>>>  2 + 2.0
4.0
>>>  4 / 2
2.0
```

在第 1 行中，把两个整数相加，结果得到一个整数。在第 2 行中，把一个整数和一个浮点数相加，结果得到一个浮点数。在第 3 行中，把两个整数相除，尽管得到的结果是一个整数，但是 Python 依然返回了一个浮点数。

我们再在"搬家"的类比上往前迈一步，如果你想要把装灯具的盒子和装餐刀的盒子合并成一个，那么只能用两个盒子中更大的那个来装合并过的包裹。同样，当你把一个整数和一个浮点数相加的时候，Python 意识到这个结果必须是一个浮点数。而当你进行除法运算时，即使结果不一定是一个小数，Python 也知道结果"可能"会是，所以它会返回一个浮点数以防万一。[2]

在某些情况下，你可能想要把一个浮点数转化成一个整数或者把一个整数转化成浮点数。你可以这么做：

```
>>> float(42)
42.0

>>> int(42.0)
42
>>> int(10.58)
10
```

注意，这里的 int() 不等同于取整，你可以用 round() 来验证一下：

```
>>> round(10.58)
11
```

int() 函数简单地把数字中的小数部分移除了，而 round() 函数会把数值四舍五入为最接近的整数。此外，round() 函数还可以接收第二个可变参数（4.2 节会讨论函数参数相关的知识），这个可变参数可以用来控制取整的时候保留小数点后几位，例如：

```
>>> round(10.58, 1)
10.6
```

那怎么在 math2.py 中应用新学到的知识，输出 42 而不是 42.0 呢？在输出前将 answer 变量变成整数就可以了：

```
...
answer = (40 + 30 - 7) * 2 / 3
print("What is the answer to life, the universe, and everything?", int(answer))
...
```

注意，在这里也可以用 round() 函数。此外，还可以在代码更靠前的位置，比如创建 answer 变量时就使用 int()，例如：

```
...
answer = int((40 + 30 - 7) * 2 / 3)
print("What is the answer to life, the universe, and everything?", answer)
...
```

我们用两种方法达到了同样的效果，其中唯一的区别就是 answer 变量在第一个例子中是一个浮点数，而在第二个例子中是一个整数。

我们通过运行文件的方式检查一下结果：

```
% python math2.py
What is the answer to life, the universe, and everything? 42
...
```

这正是我们想要的。

2.8 字符串

创建一个名为 strings.py 的新文件，把下面的内容添加到该文件中：

```
# Strings are text surrounded by quotes
# Both single (' ') and double (" ") can be used

kanye_quote = 'My greatest pain in life is that I will never be able
to see myself perform live.'
print(kanye_quote)
```

字符串是 Python 给文本起的一个别名。现在我们用双引号（" "）来表示之前提到的大部分字符串，但是也可以像在 strings.py 中一样用单引号（' '）来表示字符串。只要在字符串前、后用的是同一类型的符号，这两种方法就都可以使用。

因为"kanye_quote..."这一行已经非常长了，所以我们把它拆成两行（两个字符串），然后再把这两行用括号括起来表示它们实际上是一行：

```
...
kanye_quote = ('My greatest pain in life is that I will never '
'be able to see myself perform live.')
print(kanye_quote)
```

为什么要在创建字符串的时候加单引号或者双引号呢？在某些情况下，当你想在字符串中使用引号时，可能会遇到问题（例如，当你引用一段对话或者使用撇号时）。

把下文添加到 strings.py 中：

```
...
hamilton_quote = "Well, the word got around, they said, "This kid is insane, man""
print(hamilton_quote)
```

你能说出为什么我们添加进去的内容不工作吗？这是因为 Python 会把"Well, the word got around, they said, "当成一个字符串。如果用一个双引号开始一个字符串，那么 Python 不会聪明到能知道你在其中使用的另一个双引号并不表示字符串的结束。

一种简单的解决方案就是把字符串起始和结束的符号改成另一种符号：

```
# Switch to single quotes if your string uses double-quotes hamilton_quote = 'Well, the word got around, they said, "This kid is insane, man"'
print(hamilton_quote)
```

上面这段语句的输出是这样的：

```
% python strings.py
...
Well, the word got around, they said, "This kid is insane, man"
```

所以你看到引号是怎么被输出的了吧？

用算术的方式处理字符串

Python 可以用下面这种直观的方式来表示字符串的连接：

```
>>> "Hello" + "Mattan"
'HelloMattan'
```

Python 自动识别到两个字符串之间的加号表示把这两个字符串连接到一起。注意，这两个单词之间并没有空格。那我们怎么在中间加入空格呢？

如果把一个字符串加到一个整数上会发生什么呢？

```
>>> "The meaning of life is " + 42
Traceback (most recent call last):
    File "<stdin>", line 1, in <module>
TypeError: can only concatenate str (not "int") to str
```

这种做法不对。

我们希望 Python 把一个字符串和一个整数合并到一起。在搬家的类比中，这相当于把装哑铃的盒子和装水晶花瓶的盒子合并成一个。这两个盒子区别太大，Python 不知道怎么合并它们，所以它选择放弃并抛出了错误码。

因此，在和别的字符串相加之前，你需要用函数 str() 显式地把整数变成字符串：

```
>>> "The meaning of life is " + str(42)
'The meaning of life is 42'
```

最后一个值得了解的知识点（因为后文很快就会用到）是 Python 允许将字符串与整数相乘，例如：

```
>>> "candy" * 4
'candycandycandycandy'
```

这就是很多糖果（candy）了！这个字符串被简单地重复了 4 次。

2.8.1　字符串函数

尽管本书将在后文中更深入地介绍函数，但现在了解几个 Python 在字符串处理方面的函数特别有用。它们不像你之前看到的那些函数，必须在一个字符串后面加一个点号来使用它们，例如：

```
# 一些字符串函数
print(kanye_quote.upper())
print(kanye_quote.lower())
print("ok fine".replace("fine", "great").upper())
```

如果把这些代码添加到 strings.py 文件中并运行，你就会看到如下输出：

```
% python strings.py
...
MY GREATEST PAIN IN LIFE IS THAT I WILL NEVER BE ABLE TO SEE MYSELF PERFORM LIVE.
my greatest pain in life is that i will never be able to see myself perform live.
OK GREAT
```

发生了什么？

在第 1 行代码中，通过在 kanye_quote 的末尾加上 .upper()，我们把 kanye_quote 的所有内容都变成了大写。在下面一行代码中，我们加了 .lower()，把 kanye_quote 的内容都变成了小写。最后，我们对字符串"ok fine"做了两件事：一是把文中的"fine"换成了"great"，二是把所有的内容都变成了大写。

这些函数看起来与其他函数不同的主要原因是，我们可以通过在一个字符串或者一个变量名的后面加一个点号和函数名（加括号）的方式来直接使用它们。在 Python 中，这种函数被称为"方法"。它们通常是某个特定数据类型所特有的（后面在介绍列表和字典时你会看到更多这类方法），并且就像我们之前看到的，它们可以一个接一个地连在一起（有时候称为"链条"）。

字符串函数可以用来做很多有用的事情，本书后续会介绍。在 3.5.2 节中，我们引入了新的字符串函数，比如 .split() 和 .join()。我们可以用 .split() 把一个字符串变成多个并放入一个列表中，也可以用.join()把一个列表变回字符串。

Python 中有各种各样的字符串函数（当然还有其他函数），本书没有那么多篇幅来涵盖所有，但是如果你有兴趣，那么可以阅读一下 Python 的线上文档以进一步探索它们。

2.8.2   f 字符串

你还记得在 happy_hour.py 中看到的一个字符串吗？

```
print(f"How about you go to {random_bar} with {random_person}?")
```

字符串前面的 f 和字符串里面的花括号（{}）是什么意思呢？

事实证明，Python 字符串允许你在里面直接编写 Python 代码。尝试将如下语句输入到 strings.py 文件中：

```
...
# F-strings let you write Python code directly inside of a string
# inside of curly brackets ({ })
print(f"1 + 1 equals {1 + 1}")
```

这类字符串被称为 f 字符串。运行上面的代码，你会得到下面的结果：

```
% python strings.py
...
1 + 1 equals 2
```

如果你想知道为什么这里的 f 是必需的，我们鼓励你做一个小实验，看看把 f 去掉之后这段代码的运行结果是什么。

```
print("1 + 1 equals {1 + 1}")
```

当你把 f 从字符串前面去掉之后，你会得到下面的输出：

```
% python strings.py
...
1 + 1 equals {1 + 1}
```

由此可见，这里字符串前面的 f 字符很重要，因为它会告诉 Python 花括号里的内容不能被简单输出，而要被执行。

f 字符串中的 f

你可能会好奇，这里的 f 表示什么呢？Google 上的一些搜索结果告诉我们，它代表格式（format），但是这个回答可能不是那么令人满意。

一些关于 Python 的这个新特性的非官方说法是这样的：

"也有其他的前缀（如 i）被提议过，但是好像没有比 f 更好的选择，所以 f 就被选中了。"

换句话说，就是 Python 的开发者们经过仔细考量，认为没有办法提出一个比 f 更好的选项，所以他们就用了 f。

Python 程序员通常使用 f 字符串将变量直接插入字符串中，并以某种方式格式化它们。为了对 f 字符串的用法有更深的理解，你可以试试把下面的代码添加到 strings.py 中：

```
...
name = "mattan griffel"
print(f"{name.title()}, the total will be ${200 + 121.80 :,.2f}")
```

当你运行这段代码时，会得到如下结果：

```
% python strings.py
...
Mattan Griffel, the total will be $321.80
```

这里你可以想象一下，{name.title()}会把 name 变量的内容变成标题格式（每个单词的首字母大写），并把它直接插到字符串中。下一个花括号{200 + 121.80:,.2f}会把 200 和 121.80 加到一起，并把结果也直接插到字符串中。

那:,.2f 是做什么用的呢？

这实际上是 f 字符串的一个功能。我们可以用它来告诉 Python 我们希望把一个浮点数以两位小数的形式展示出来，并且用逗号做千位分隔符。换句话说，这就是我们看到输出的是 321.80 而不是 321.8 的原因。这在我们想要展示像货币值这样的数据时非常有用，通常我们需要展示两位小数，即使第二位小数是 0。

你或许还不够清楚 f 字符串能做的事情以及什么时候应该使用它，后面我们会在更多的例子中用到 f 字符串。这里先简单介绍一下它，以便后文可以开始使用。

字符串与变量

让我们快速回顾一下。下面两者的区别是什么？

'a string'

和

a_string

它们看起来非常相似，实际则不同。第一个是一个字符串；第二个是一个变量，它会让 Python 去取一个标签为 a_string 的盒子并查看里面的内容。

一个快速的经验法则是，每当你有一些文本，并且想把一些变量直接放入该文本中的时候，最好使用 f 字符串（别忘记字符串中变量周围的花括号）。当然也别过度使用 f 字符串，下面就是一个过度使用的例子：

```
print(f"Winter is coming.")
```

这个字符串中间没有任何变量或者 Python 代码。这段代码仍然可以工作，但是没有必要这么写。只有字符串中有花括号并且需要在其中加入 Python 代码的时候，才需要使用 f 字符串。简单地说，你可以这样写：

```
print(f"{name}")
```

但是下面的写法更简单。

```
print(name)
```

2.9　获得用户输入

到目前为止，我们只是在处理自己手动录入的信息。如果需要用户输入信息并且处理它，应该怎么办呢？这就是 input() 函数存在的理由。

创建一个名为 input.py 的新文件并输入以下信息：

```
name = input("What's your name? ")
print(f"Hi {name}!")
```

现在执行这个文件：

```
% python input.py
What's your name?
```

你会注意到命令行的提示符并没有出现。Python 代码在问我们问题，并且停顿住了，它在等待我们的答复。把你的名字输入之后看看会发生什么：

```
% python input.py
What's your name? Mattan
Hi Mattan!
```

酷！所以现在我们有了一种方法，即可以先从用户那里获得输入，将其保存在一个变量里，然后再用它来做我们想做的事情。（另外，我们会在 input() 函数里的问号后面放一个空格，这样当你要求用户输入信息的时候，所有的内容就不会挤在一起了。试一下如果没有这个空格会怎样。）

让我们再尝试一下收集其他信息。编辑 input.py 文件：

```
...
age = input("How old are you? ")
print(f "Hi {name}! You're {age} years old.")
```

然后运行它:

```
% python input.py
What's your name? Mattan
How old are you? 32
Hi Mattan! You're 32 years old.
```

这个挺有趣,但是实际上并没有多么有用。现在来让 input.py 为我们做一些其他的事情。我们让这个程序告诉我们,把人的年龄换算成狗的年龄应该是多少:

```
name = input("What's your name? ")
age = input("How old are you? ")
age_in_dog_ years = age * 7

print(f"Hi {name}! You're {age_in_dog_years} in dog years. Woof!")
```

现在运行一下来看看结果:

```
% python input.py
What's your name? Mattan
How old are you? 32
Hi Mattan! You're 32323232323232 in dog years. Woof!
```

哦! 这里发生了什么? 检查一下代码,试试看你自己能不能解决这个问题。

这里发生的事情是所有从 input() 函数得到的用户输入都被处理成了字符串。这里的'32'是一个字符串,和整数 32 是不一样的。如 2.8 节所述,如果把一个字符串和一个整数相乘,那么 Python 就会认为你只是想重复这个字符串多次(这也是刚刚那段代码中发生的事情)。为了将 age * 7 变成真实的乘法,首先需要把输入的字符串转化成数值:

```
% python
>>> "32" * 7
'32323232323232'
>>> int("32") * 7
224
>>> float("32") * 7
224.0
```

这里用 int() 或者 float() 来做类型转换,这取决于用户所给的输入格式。那么按照我们刚刚介绍的,你能自己尝试修改一下 input.py 让它正常工作吗? 现在就试试!

我们可以想到至少两种(实际上有更多)方法来解决这个问题。第一种方法是在我们拿到用户输入的时候立即把它转换成整数:

```
age = int(input("How old are you? "))
```

第二种方法是在做数学运算之前把 age 这个变量转换成整数:

```
age_in_dog_ years = int(age) * 7
```

我们选择第一种方法。在第二个例子里,age 变量包含的依然是一个字符串。这会导致后面当我们需要使用 age 变量时会引起混淆，我们不得不在每次使用它的时候都做一次整数的转换。我们更期望一个名为 age 的变量包含的是一个数值，因为年龄通常就是一个数值。一般来说人们输入年龄的时候不会包含小数（如 32.4 岁），但是如果我们期望用户这么输入，就应该使用 float() 函数来做用户输入的转换，把它转变成浮点数。

最终版本的 input.py 的代码应该如下所示：

```
name = input("What's your name? ")
age = int(input("How old are you? "))
age_in_dog_ years = age * 7

print(f"Hi {name}! You're {age_in_dog_years} in dog years. Woof!")
```

而且，当我们运行它时，它应该会给出以下输出：

```
% python input.py
What's your name? Mattan
How old are you? 32
Hi Mattan! You're 224 in dog years. Woof!
```

问题解决了！犒劳一下自己吧。

2.9.1   小费计算器挑战

在继续学习之前，这里为你准备了一个挑战，看看你学得怎么样了。

写一个名为 tip_calculator.py 的程序来计算你应该付多少钱小费，其中小费按照 3 个标准（18%、20% 和 25%）分别给出。你的代码需要包含注释。用 10 分钟左右完成。

2.9.2   小费计算器挑战答案

下面是我们的代码：

```
# Tip Calculator

# Convert the user's input into a float
amount = float(input("How much was your bill? "))

# Calculate the tip amounts
print(f"18%: ${amount * .18 :,.2f}")
print(f"20%: ${amount * .20 :,.2f}")
print(f"25%: ${amount * .25 :,.2f}")
```

看一看并和你的代码对比一下。我们的版本不一定是最好或者最理想的方案，而仅仅是一个可行的方案。

需要注意的一点是，在我们的方案里面，我们把用户的输入用 float() 函数而不是 int() 函数做了转换，因为我们认为用户给我们的账单数值可能不是整数，除了"元"还会包含"分"。

我们也使用了:,.2f 来将小费精确到小数点后两位。当然也可以用 round()函数来把它变成两位小数，但是 round()的缺点是，像$1.90 这样的金额最终会被展示成只有一位小数（如 $1.9），因为 Python 会自动隐藏没必要出现的数字。

如果你用其他的方法完成了挑战并且你对自己的方案也很满意，那非常好。

2.10　总结

到目前为止，你都学了些什么？花一点儿时间看看下面的列表，试着回忆一下前面介绍过的 Python 术语。这个回忆练习可能会让你觉得有点儿"纠结"，但是它会帮助你在未来更好地记住这些内容。到目前为止，你学习到的内容如下：

- ❑ 命令行基础（pwd、ls 和 cd）；
- ❑ 两种运行 Python 代码的方法（执行 Python 脚本和在 Python 交互模式下运行代码）；
- ❑ print()函数；
- ❑ 注释；
- ❑ 变量；
- ❑ 数值和数学运算；
- ❑ 字符串；
- ❑ 使用 input()函数获取用户输入。

希望到目前为止你学得很愉快。如果你觉得很累，那么要知道万事开头难，你已经学习了对大部分人而言最困难的部分了。

在第 3 章中，我们会介绍一些新的数据类型以及 Python 中的一些更先进的概念，比如 if 语句和循环。这些新的概念加上前面所学，会让你可以用 Python 做更多事，并且让你离用 Python 解决实际问题的目标更近一步。

第 3 章

Python 基础（二）

现在你已经掌握了非常多的用 Python 写一个简单脚本的知识，但是还有一小部分重要的知识缺失。当数值和字符串仍然不够用的时候，应该怎么办？怎样才能快速解锁 Python 的真正功能来帮你做事？在本章中，我们会接着第 2 章的内容介绍新的概念，也会讲解如何用 Python 解决更加复杂的问题。

3.1 本章内容简介

本章将介绍 Python 的绝大部分基本功能：在 Python 中执行检查、使用逻辑运算、创建列表、执行循环代码和创建字典。沿着这个思路，你会尝试用新学到的知识来解决 FizzBuzz 问题，这是程序员常用来练手的问题。

3.2 条件语句

到目前为止，我们编写的所有代码无论发生什么都一定会执行。但是你编写的代码可能需要根据事情发生的不同情况（比如不同的路径和场景）而做不同的处理。让我们来演练一下。

3.2.1 if 语句

从创建一个名为 if.py 的新文件开始：

```
answer = input("Do you want to hear a joke?")

if answer == "Yes":
    print("What's loud and sounds like an apple?")
    print("AN APPLE")
```

这里需要把最后两行用 "Tab" 键缩进一下。这是你第一次在 Python 中使用缩进（后面会详细介绍）。如果上文复制得当，那么当你执行这个文件时会看到如下输出：

```
% python if.py
Do you want to hear a joke?
```

看到发生什么了吗？代码停住了，问了你一个问题并且在等待你的答复。输入"No"并按"Enter"键。

```
% python if.py
Do you want to hear a joke? No
```

好吧，什么都没发生。现在尝试再次执行文件并输入"Yes"（你可能会注意到这是区分大小写的，后面会对此进行讨论）。

```
% python if.py
Do you want to hear a joke? Yes
What's loud and sounds like an apple?
AN APPLE
```

现在你看到了之前没有看到的输出。这好像是由 if answer == "Yes"来控制的。if 语句的通用结构如下所示：

```
If x:
    # 做点儿什么
```

其中 x 是一个可以为真的条件。那么 ==（两个等号）在 answer == "Yes"这个语句里是做什么的呢？它用于检查左右两侧的内容是否一样。如果一样就返回 True，如果不一样则返回 False。让我们打开 Python 交互模式来测试几个例子：

```
% python
>>> "Yes" == "Yes"
True
>>> "No" == "Yes"
False
```

非常重要的一点是，我们要意识到，即使 = 和 == 看起来非常像，它们也是非常不同的。你能研究一下下面的例子中发生了什么吗？

```
>>> answer == "Yes"
Traceback (most recent call last):
    File "<stdin>", line 1, in <module>
NameError: name 'answer' is not defined
>>> answer = "Yes"
>>> answer == "Yes"
True
>>> answer = "No"
>>> answer == "Yes"
False
```

先检查变量 answer 里面是不是包含字符串"Yes"，但是你会得到一个错误，因为还没有定义变量 answer。一旦定义了，就可以检查它是不是等于"Yes"。如果后面让 answer 的内容等于字符串"No"，你就会看到 answer == "Yes"返回一个 False。

总结一下，= 符号是用来给变量赋值的，== 符号则是用来检查两侧内容是不是相等的。一些编程语言（比如 VBA，它是电子表格软件的脚本语言）并不区分这两者，但 Python 是区分的。

我们经常被问到的一个问题是"==做比较时是区分大小写的吗？"如果我们不知道，那么怎样才能得到答案？

```
>>> "Yes" == "yes"
False
```

啊哈！所以==是区分大小写的。后面我们会介绍怎么来处理区分大小写的相关问题。顺便说一句，我们会用!=（一个感叹号和一个等号）来检查两个东西是不是不同：

```
>>> "yes" != "Yes"
True
>>> answer != "Blue"
True
```

在 Python 中，还可以用各种各样的其他符号（比如前面介绍过的>符号）来比较两个东西，后面还会讨论这个问题。

Python 中的空格

Python 中的缩进非常重要。这是你第一次接触到 Python 中制表符（按"Tab"键输入）的用法，但这不会是最后一次（后面在讨论循环和函数时还会再次提到）。

在 Python 中缩进代码时，可以使用制表符或者 4 个空格（连续按空格键 4 次）。用哪种方法是一个有争议的话题，大部分程序员只用其中的一种。在 HBO 的电视剧《硅谷》的某一集中，主角理查德·亨德里克斯（Richard Hendricks）甚至用分手威胁他剧中的女朋友，因为他女朋友习惯用空格而不是制表符。

一个有点儿烦人的地方是 Python 会要求你在同一个文件中要么完全使用制表符，要么完全使用空格。如果你运行的 Python 脚本在需要缩进的位置既使用了制表符又使用了空格，那么就会出现如下错误消息：

```
TabError: inconsistent use of tabs and spaces in indentation
```

这是一个非常直观的错误，但也的确很烦人。在你复制并粘贴其他人写的代码的时候，这个问题极有可能发生——他们极有可能碰巧跟你用了不一样的缩进方法。

在实际操作中，绝大部分程序员最终会选择设置他们的文本编辑器，使其自动把制表符转换成 4 个空格。幸运的是，Atom 默认自动帮你做这件事。

现在有一个更大的问题：if 语句是怎么工作的？它会检查 if 后面的结果是真还是假，如果是真，那么它就会执行冒号（:）后面缩进的任何代码。

代码的缩进部分非常重要。为了让一个 if 语句能正常工作，if 所在行的最后要加一个冒号，同时还需要在后面的代码行加缩进。为什么？这是因为如果不加的话，Python 就不知道 if 后面的代码是什么。

如果忘了加冒号或者缩进后面的代码，那么会发生什么呢？会出现什么样的错误呢？这很值得你尝试一下，这样当你在后面犯类似错误的时候就可以识别出来了。（当你犯这类错误的时候，相信我们，你肯定已经忘记了我们这里有关冒号的说法了。）

3.2.2 else 语句和 elif 语句

我们在 if.py 文件中再做一些修改：

```
answer = input("Do you want to hear a joke? ")

if answer == "Yes ":
    print("What's loud and sounds like an apple?")
    print("AN APPLE")
else:
    print("Fine.")
```

这里的 else 是让你来陈述，如果 if 语句中 if 部分不是 true，那么你希望执行什么代码。执行这个文件，就能看到如下结果：

```
% python if.py
Do you want to hear a joke? No
Fine.
```

如果需要检查第三个选项呢？试试给 if.py 加一些其他的东西吧：

```
answer = input("Do you want to hear a joke? ")

if answer == "Yes":
    print("What's loud and sounds like an apple?")
    print("AN APPLE")
elif answer == "No":
    print("Fine.")
else:
    print("I don't understand.")
```

elif 可以让你加上其他条件。这就像另一个 if 语句（实际上，它就是 else 和 if 的联合缩写）。现在运行代码，你将得到如下结果：

```
% python if.py
Do you want to hear a joke? Yes
What's loud and sounds like an apple?
AN APPLE
% python if.py
Do you want to hear a joke? No
Fine.
```

```
% python if.py
Do you want to hear a joke? Blue
I don't understand.
```

你想要放多少个 elif 就可以放多少个，但是只能有一个 if 和一个 else。把它们想象成代码逐步执行的路径吧（参见下图）。

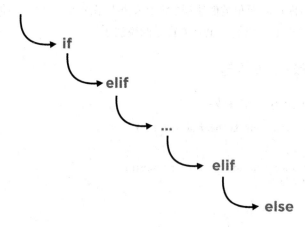

它工作起来就像一个瀑布。Python 总是从 if 开始，一旦找到一个 if 或者一个 elif 后面的条件为真时，它就不再往后检查了。所以 else 后面的代码只有在前面都不为真时才能得到执行。你可以把它理解成一个能接住所有东西的安全网。

这看起来还挺清晰的，但是我们现在要测试一下你解决问题的能力。如果你用两个 if 语句，而不是一个 if 语句加上一个 elif 语句，那么会发生什么呢？

```
answer = input("Do you want to hear a joke? ")

if answer == "Yes":
    print("What's loud and sounds like an apple?")
    print("AN APPLE")
if answer == "No":
    print("Fine.")
else:
    print("I don't understand.")
```

如果还不够清楚，你可以注意一下这一行：

```
if answer == "No":
```

这会引入下面的问题：

```
% python if.py
Do you want to hear a joke? Yes
What's loud and sounds like an apple?
AN APPLE
I don't understand.
```

第一个 if 后面的语句和 else 后面的语句都被执行了！为什么呢？这是因为它会先检查第一个 if：

```
if answer == "Yes":
    print("What's loud and sounds like an apple?")
    print("AN APPLE")
```

这个结果是因为 answer 是"Yes"。但是后续它仍然会检查第二个 if：

```
if answer == "No":
    print("Fine.")
else:
    print("I don't understand.")
```

第一部分，即 answer == "No":，结果是 False。所以，Python 会执行 else 后面的部分。换句话说，如果把两个 if 放到一起，而不是一个 if 加一个 elif，那么 Python 在执行的时候就会把这个检查链条拆成两部分，每个部分会独立执行。

你可以把一个 if 直接放到另一个 if 语句中（甚至如果你愿意，那么还可以有更多的 if）。换句话说，你可以组合各种复杂的条件，比如 **if A 并且 B 但不是 C，然后执行 D**。记住，一个 if 在另一个 if 语句里面需要缩进两次（缩进在这里很重要），如下所示：

```
if x:
    if y:
        # 做点儿什么
```

后面我们会继续学习 Python 的循环和函数，你会看到 if 语句在循环和函数之中的应用。这种情况被称为**嵌套**，这是一种常见的用法，但是如果你没有习惯它，那么可能会有些难以理解这类语句的执行。

3.3　Python 中的逻辑运算

在介绍运算符==的时候，你已经见到了 Python 中的逻辑运算的一个例子：如果运算符两侧的东西相同，那么就返回 True，否则返回 False。你或许想知道 Python 是不是还有其他的方法来做逻辑运算——确实有。这些方法包括但不限于以下内容：

```
==, !=, >, >=, <, <=, not, and , or
```

理解这些符号的最好方法就是在 Python 的交互模式中实际试验它们。我们将从最简单的 True 和 False 开始：

```
% python
>>> True
True
>>> False
False
```

注意这里的 True（大写的 T）和 False（大写的 F）在 Python 中是实体。你可能会问："它们是变量吗？"不是，它们就是 True 和 False。它们跟我们以前学过的任何数据类型完全不同。严格来说，它们被称为**布尔型**［依据乔治·布尔（George Boole）的名字命名，他是首位在 19 世纪中叶定义逻辑数学分析系统的人］。

3.3.1　运算符 ==

运算符==（等于）用于检查符号两侧的内容是否一样，如果一样就返回 True，不一样则返回 False：

```
>>> answer = "yes"
>>> answer == "yes"
True
>>> answer == "no"
False
```

记住，即使看起来很像，=和==在 Python 中所做的事情也不一样：=用于为一个变量赋值，==则用于检查两个东西是不是相等。

3.3.2　运算符 !=

运算符!=（不等于）跟==相反。它用于检查两个东西是不是不一样。

```
>>> answer = "no"
>>> answer != "yes"
True
>>> answer != "no"
False
```

3.3.3　运算符 > 和 <

>（大于）和<（小于）正如你理解的那样工作：

```
>>> 10 > 12
False
>>> 10 < 12
True
```

>=和<=也可以用来检查某个东西是不是大于等于或者小于等于另一个东西。

```
>>> 1 + 1 + 1 >= 3
True
>>> 1 + 1 + 1 <= 3
True
```

3.3.4 运算符 not

运算符 not（否）就是把运算的值取反：

```
>>> not True
False
>>> not False
True
>>> not 1 + 1 + 1 >= 3
False
```

你可能已经注意到了，与之前见过的其他运算符不同，not 只需要一个值然后反转它，不像 ==需要操作两个东西去检查它们是不是相等，也不像>（<）需要操作两个东西去检查一个是不是大于（小于）另一个。

注意最后一个例子，把符号连接到一起，去理解它们哪个优先计算会稍显复杂。在这个例子中，not 后面的部分会优先计算，然后 not 操作会被应用到结果上。依赖运算符之间的优先级并不是一个好习惯，因为如果你记错了运算符优先级，那么代码就会出错，所以我们推荐用括号来指定计算顺序。在这个例子中，更好的方法是写成这样：not(1 + 1 + 1 >= 3)。

3.3.5 运算符 and

可以用 and（与）来合并之前学过的一些逻辑检查：

```
>>> username = "admin"
>>> password = "123456"
>>> username == "admin" and password == "123456"
True
```

只有在左右两边都为 True 时，这个运算符才会返回 True。在这个例子中，username = "admin"是 True 并且 password = "123456"也是 True，所以把它们合并到一起时，结果依然是 True。但是如果我们修改了 password：

```
>>> password = "wrong password"
>>> username == "admin" and password == "123456"
False
```

那么这里的第二部分就不再是 True 了，所以 and 让整个表达式返回了 False。注意这里的 == 运算是在 and 运算之前发生的。为了保证计算按照这个顺序发生，你最好使用括号：(username == "admin") and (password == "123456")。

3.3.6 运算符 or

运算符 or（或）在其两侧的表达式有一个为 True 时即可返回 True，只有两侧的表达式都是 False 时才会返回 False。

```
>>> answer = "yes"
>>> answer == "Yes" or answer == "yes"
True
>>> answer == "No" or answer == "no"
False
```

3.3.7　成员运算符 in

最后一个值得介绍的运算符是成员运算符 in，它可以检查一个变量是不是在另一个变量里面。你可以用它来检查一个字符串中是不是包含了另一个字符串，例如：

```
>>> "d" in "hello"
False
>>> "d" in "goodbye"
True
>>> "d" in "GOODBYE"
False
```

注意成员运算符是区分大小写的，就像其他的字符串运算符一样。此外，成员运算符还可以用来检查列表，这部分内容虽然还没有介绍到，但此处可以展示一个简单的例子。你可以试试理解它是怎么工作的：

```
>>> people = ["Mattan", "Daniel", "Sarah"]
>>> "Mattan" in people
True
```

如果你想要学习更多的 Python 逻辑运算符，可以在网上搜索"Python 比较运算符"或者"Python 逻辑运算符"。

3.3.8　逻辑运算练习

Python 中的逻辑运算在你开始把运算符联合使用的时候就已经逐渐变得复杂。我们已经创建了一个练习用的文件 logic_practice.py，建议你花 10 分钟把这个文件逐行过一下：

```
True and True
False and True
(1 == 1) and (2 == 1)
"love" == "love"
(1 == 1) or (2 != 1)
True and (1 == 1)
False and (0 != 0)
True or (1 == 1)
"time" == "money"
(1 != 0) and (2 == 1)
"I Can't Believe It's Not Butter!" != "butter"
"one" == 1
not (True and False)
not ((1 == 1) and (0 != 1))
not ((10 == 1) or (1000 == 1000))
```

```
not ((1 != 10) or (3 == 4))
not (("love" == "love") and ("time" == "money"))
(1 == 1) and (not (("one" == 1) or (1 == 0)))
("chunky" == "bacon") and (not ((3 == 4) or (3 == 3)))
(3 == 3) and (not (("love" == "love") or ("Python" == "Fun")))
```

这个例子中每一行要么是 True 要么是 False，并且我们期望你来指出结果是什么。例子从上往下由简单变复杂。注意先计算括号里的内容。

一个建议是，可以在每一行的末尾用代码注释的方式标注你的计算结果：

```
True and True # True
```

如果想要核实答案，可以把整行复制并粘贴到 Python 的交互模式中：

```
% python
>>> True and True
True
```

或者把它们放到一个 print() 里并保存：

```
print(True and True)
```

然后执行这个文件来查看结果。

```
% python logic_practice.py
True
```

3.4 让 if.py 不区分大小写

接下来把刚刚学到的东西应用到 if.py 中的代码里吧。你可能会注意到下面这些代码是区分大小写的：

```
...
if answer == "Yes":
    print("What's loud and sounds like an apple?")
    print("AN APPLE")
...
```

这意味着，如果你输入的是 yes（小写 y），那么会得到下面的结果：

```
% python if.py
Do you want to hear a joke? yes
I don't understand.
```

可以通过添加一个 or 来解决这个问题：

```
...
if answer == "Yes" or answer == "yes":
    print("What's loud and sounds like an apple?" )
    print("AN APPLE")
...
```

还可以把同样的内容添加到 elif 语句中，因此你的最终版本的 if.py 如下所示：

```
answer = input("Do you want to hear a joke? ")
if answer == "Yes" or answer == "yes":
    print("What's loud and sounds like an apple?")
    print("AN APPLE")
elif answer == "No" or answer == "no":
    print("Fine.")
else:
    print("I don't understand.")
```

这样它就会既接受 Yes 也接受 yes（或者 No 和 no）了：

```
% python if.py
Do you want to hear a joke? Yes
What's loud and sounds like an apple?
AN APPLE
% python if.py
Do you want to hear a joke? yes
What's loud and sounds like an apple?
AN APPLE
```

那如果写成下面这样会发生什么呢？

```
...
if answer == "Yes" or "yes":
    print("What's loud and sounds like an apple?")
    print("AN APPLE")
...
```

即使这跟前面写的代码类似（answer == "Yes" or answer == "yes":），但它实际上是错误的，而且会引入一个很难解决的 bug。你会得到下面的输出：

```
% python if.py
Do you want to hear a joke? yes
What's loud and sounds like an apple? AN APPLE
% python if.py
Do you want to hear a joke? no
What's loud and sounds like an apple? AN APPLE
% python if.py
Do you want to hear a joke? blue
What's loud and sounds like an apple? AN APPLE
```

开头看起来一切正常，但是很快你就会意识到不对了：不管输入什么样的内容，你总会得到同样的结果。为什么？

这跟如下两件事有关。

(1) Python 做 True or False 逻辑检查的顺序。对 or 来说，它的两侧只要有一侧为 True，结果就为 True。所以，它首先会检查 answer == "Yes"是否为 True，然后会检查 answer == "yes"是否为 True。

(2) 在 Python 中任何非空的字符串都被认为是 True。这的确有点儿"诡异"，但是真的。当一个非空字符串在语境下需要被解释成 True 或者 False 的时候，它只会被解释成 True。

换句话说，即使我们的大脑会把这句话读成：

```
if answer == ("Yes" or "yes"):
```

Python 实际上也会把它读成：

```
if (answer == "Yes") or ("yes"):
```

诡异吧？这就凸显了括号的重要性。

那么如果我们想让代码检查用户的更多输入呢？例如，我们想接受"Yes"、"yes"、"Y"和"y"作为可能的回答。你能完成吗？

```
if answer == "Yes" or answer == "yes" or answer == "Y"
or answer == "y":
    ...
```

这样也行，但一种更简单的方案是用我们之前介绍的成员运算符 in：

```
if answer in ["Yes", "yes", "Y", "y"]:
    ...
```

这个版本短一些，而且更容易阅读。

还有一个可以改进的地方是用字符串函数。2.8.1 节中提到，字符串函数会作用于字符串并且可以对它们做一些操作。还记得 lower() 函数会把一个字符串全都变成小写吗？例如，"Hello".lower() 会返回 'hello'。

可以把这个用到我们的 if 语句中：

```
if answer.lower() in ["yes", "y"]:
    ...
```

这样基本上就可以实现用户输入不区分大小写了："Yes"、"YES"、"yeS"、"yEs"等在变成全小写之后是同样的内容。

很有意思的一点是，大部分网站在你用电子邮箱登录时会用到这个功能。因为电子邮件地址是不区分大小写的，所以网站会把你输入的文本在存储到数据库之前先转换成小写，然后当你登录时，网站在将你的输入跟数据库的信息做对比之前会先把你的输入全部转换成小写。这样两个人就不可以使用只是大小写不一样的邮箱地址来注册了。

为什么是小写而不是大写呢？只要这个处理前后保持一致，选择哪一种其实无关紧要。最终的代码如下所示：

```
answer = input("Do you want to hear a joke? ")

if answer.lower() in ["yes", "y"]:
    print("What's loud and sounds like an apple?")
    print("AN APPLE")
elif answer.lower() in ["no", "n"]:
    print("Fine.")
else:
    print("I don't understand.")
```

如果你愿意，还可以把不同的选项放到不同的变量中去：

```
...
affirmative_responses = ["yes", "y"]
negative_responses = ["no", "n"]
if answer.lower() in affirmative_responses:
    ...
elif answer.lower() in negative_responses:
    ...
```

有些程序员会认为这么做更好，因为变量名的定义实际上是对["yes", "y"]和["no", "n"]是什么的一种解释。其他的程序员可能会认为原来的写法就已经够清楚了，这样做只会让代码更长（并且可能更难读）。

哪个更好以及你更愿意用哪一个，我们想把这个决定留给你自己。这类问题，即使非常微小，最终也可能会变成写代码和软件开发中很多有趣的讨论的开始，对诸如如何写代码才能更加清楚且更加便于后期的修改之类的问题来说更是如此。

如果程序员不注重代码的可读性和可维护性，那么他们的代码慢慢就会变得漏洞百出，软件的改进就会变得越来越艰难，最终整个公司的业务都会被拖垮。例如，20 世纪 90 年代后期一些人一直在讨论的一个话题是，网景公司犯了一个任何软件公司都可能会犯的巨大战略性错误，那就是从头开始重写他们所有的代码，因为他们认为原来的代码太慢、太低效了。这次代码重写持续了 3 年。

3.5　列表

下面我们来介绍一下**列表**。我们第一次使用列表是在 happy_hour.py 中，最近一次使用是在 if.py 中，现在是时候来真正了解如何使用列表了。列表是 Python 中对事物进行分组的方式。

使用以下内容创建一个名为 lists.py 的新文件：

```
# Python, lists are a way of grouping
# (usually) similar things together
the_count = [1, 2, 3, 4, 5]
stocks = ["FB", "AAPL", "NFLX", "GOOG"]
random_things = [55, 1/2, "Puppies", stocks]
```

在这段代码中，我们创建了 3 个列表，并将它们保存到了 3 个不同的变量中：the_count、

stocks 和 random_things。请注意，当你将列表保存到变量中时，通常需要用复数形式来命名变量，这样你就能记住它是一个列表。

列表函数

在 Python 中，有许多有用的函数可以在列表上使用：

- ❑ len()，给出列表中元素的个数；
- ❑ sum()，对列表中的数值元素求和；
- ❑ min()，给出列表中元素的最小值；
- ❑ max()，给出列表中元素的最大值。

将列表（或包含列表的变量）直接放入括号中来运行这些函数，例如，len([1, 2, 3, 4, 5]) 的结果是 5，sum([1, 2, 3, 4, 5])的结果是 15。

注意 sum()只在列表包含数值时才起作用，min()和 max()对数值或者字符串列表都起作用。对于字符串列表，函数将返回按字母顺序排列的第一个或最后一个字符串。除了这 4 个列表函数，我们还将在后面提到其他函数。

在 Python 中创建一个列表非常简单，列表以[开始，以]结束（一对方括号，用于"打开"和"关闭"列表）。你可以把任何你想要的项目放在方括号内并用逗号分隔。Python 列表中的项目或事物通常被称为**元素**。

在 lists.py 的最后一行（random_things）中，你可能注意到了以下两件事。

(1) 列表中的所有元素不一定是同一种东西。

(2) 一个列表里面可以包含另一个列表。

事实上，第二点可能并不那么明显。尽管看起来 random_things 的最后一个元素是一个变量（stocks），但变量只是容纳其他东西的盒子。当你运行 Python 代码时，变量总是会被替换为它们内部存储的任何东西。换句话说，random_things 列表的内容实际上如下所示：

```
[55, 0.5, 'Puppies', ['FB', 'AAPL', 'NFLX', 'GOOG']]
```

尝试在 lists.py 文件中增加 print 语句来输出 random_things 列表，这和你在命令行中看到的内容应该是一样的。（另外，从技术上讲，1/2 是一个数学表达式，它会被浮点数 0.5 所取代。）

对不习惯阅读代码的人来说，可能会感到困惑。你可以将一些列表放在另一些列表中，并展示放在这些列表中的列表（等等）。这可能让人抓狂，因为很难跟踪逗号的位置，以及一个列表在哪里结束，另一个列表从哪里开始。你需要不断训练来掌握这些技能。

元   组

在 Python 中，你可能偶尔会看到一个叫作元组的东西。它基本上是一个列表，但是它用圆括号而不是方括号来表达：

```
% python
>>> numbers = (1, 2, 3, 4, 5)
```

元组可以做列表能够做的很多事情，但二者的一个主要区别是：元组一旦被创建，就不能改变（在程序员的语言中，这被称为"不可变"性）。尝试用 append() 将另一个数值添加到刚刚创建的元组中，看看会发生什么：

```
>>> numbers.append(6)
Traceback (most recent call
last):
    File "<stdin>", line 1,
in <module>
AttributeError: 'tuple' object has no attribute 'append'
```

元组可以被看作具有较少功能的列表，那么它们为什么存在呢？答案是它们更快，而且有时候程序员就是想创建一个不能被修改的列表。

暂时不要担心元组的使用。我们提到它只是因为你可能偶尔会在某人的代码中看到一个元组（看起来像一个列表，但外面有( )而不是[ ]）。现在你知道了，元组基本上可以被看作一个列表。

3.5.1   从头创建列表

创建一个列表时，你既可以创建一个已经包含所有元素的列表（就像我们刚刚做的那样），也可以从一个空列表开始，一次添加一个元素。为了更好地理解我们的意思，请将以下代码添加到 lists.py 中：

```
...
# You can start with an empty list
# and append or remove
people = []

people.append("Mattan")
people.append("Sarah")
people.append("Daniel")
people.remove("Sarah")
print(people)
```

[]是空列表。你可以将它保存到变量 people 中，然后对它追加（添加）元素，或从中删除元素。

重新打开 1.5 节中的 happy_hour.py 文件。还记得有可能两次随机选择到同一个人的问题吗？

```
...
random_person = random.choice(people)
random_person2 = random.choice(people)
...
```

怎样才能避免第二个随机选择的人与第一个人相同？一种可行的方法是从列表中删除第一个随机选择的人，然后随机选择第二个人。

```
...
random_person = random.choice(people)
people.remove(random_person)
random_person2 = random.choice(people)
...
```

3.5.2 使用字符串创建列表

考虑下面的代码：

```
"New York, San Francisco, London"
```

这是列表吗？不是。在 Python 中，这是一个字符串，尽管看起来像列表，但它周围没有方括号，所以它不是一个列表。再来看这个：

```
["New York, San Francisco, London"]
```

从技术上讲这是一个列表，但它也不是我们真正想要的。这个列表里只有一个元素（注意：逗号在字符串里，它没有分隔的作用）。在 Python 中，列表支持很多操作，比如从列表中随机挑选元素、在列表中来回移动元素，以及检查列表中是否有元素。

怎样才能把一个字符串变成列表呢？可以使用 Python 的 split() 函数：

```
% python
>>> "New York, San Francisco, London".split()
['New', 'York,', 'San', 'Francisco,', 'London']
```

split() 函数默认用空格来分隔，如果不想用空格，则需要把分隔符传递给它：

```
>>> "New York, San Francisco, London".split(", ")
['New York', 'San Francisco', 'London']
```

这才是我们想要的列表。为了记住这段代码的作用，请把以下内容添加到 lists.py 中：

```
# Use split() to turn a string into a list
cities = "New York, San Francisco, London".split(", ")
print(cities)
```

你可能想知道是不是有看起来更自然的方式（比如没有方括号）来输出列表。请尝试将以下内容添加到 lists.py 中：

```
# Use join() to turn a list into a string
groceries = ["Milk", "Eggs", "Cheese"]
print(" and ".join(groceries))
```

运行文件，结果如下所示：

```
% python lists.py
...
Milk and Eggs and Cheese
```

join()函数的作用是将一个列表转换成字符串。你可以直接在字符串后面紧跟一个点号（例如，在逗号后面加一个空格，就像这样：', '），并将一个列表作为参数传递给 join()。然后，它会在列表的每个元素之间插入一个逗号和一个空格，并将结果作为字符串返回。

这个函数本身有点儿与逻辑不符。它可以作用于任何类似列表的对象（比如元组，甚至字符串），因此称它为字符串函数似乎更合理，试试这个："-".join("hello")。在本书中，列表是我们唯一使用的列表类对象，因此你可以放心地忽略这些复杂性。

3.5.3 访问列表中的元素

你可以通过在列表后面使用另一组方括号并加入数值来从列表中获取单个元素的内容。将以下内容添加到 lists.py 中：

```
# Access elements of a list using []
first_city = cities[0]
second_city = cities[1]
last_city = cities[-1]
first_two_cities = cities[0:2]
print(first_two_cities)
```

值得注意的是，列表的索引值是从 0 开始的，这意味着列表中的第一个元素位于位置 0，第二个元素位于位置 1，以此类推。这对很多非程序员来说是很难理解的，但过一段时间你就会习惯。

在示例中，first_city 的值是字符串'New York'，last_city 的值是字符串'London'，first_two_cities 的值是列表['New York', 'San Francisco']。

在 Python 中，除了可以使用方括号创建列表，下面我们还可以用它来访问列表中的元素。但这也会让很多初学者出错，因为你基本上是在做下面这样的事情：

```
first_city = ['New York', 'San Francisco', 'London'][0]
```

第一组方括号用于定义或创建一个新的列表，第二组方括号（最后的[0]）用于告诉 Python 从列表中获取第一个元素。在 Python 中，访问列表元素还有一些简单的方法，你不用知道元素的确切位置，就可以使用[-1]来获取列表的最后一个元素，使用[-2]来获取列表的倒数第二个元素，以此类推。

你还可以使用像 cities[0:2]这样的表达方式来获取 cities 列表中的前两个城市。在 Python 中，这称为**切片表示法**，它允许你使用以下格式来获取列表中元素的子集：

```
list[start:stop]
```

请注意，切片表示法返回的元素子集是从第一个数值处的元素开始，直到但不包括第二个数值处的元素。换句话说，[0:2]会返回列表中的第一个元素和第二个元素，但不会返回第三个元素（位于[2]处）。也可以在切片表示法中用空白来表示开始或者结束，这将返回从 0 到某个编号的所有元素：

```
list[:stop]
```

或者返回从某个编号到列表结束的所有元素：

```
list[start:]
```

为了避免混淆，有必要花些时间在 Python 交互模式中使用切片表示法来好好地理解一下。

```
% python
>>> cities = ['New York', 'San Francisco', 'London']
>>> cities[:1]
['New York']
>>> cities[1:]
['San Francisco', 'London']
```

在字符串上使用切片

Python 中一个有趣的现象是，字符串在某些方面可以像列表一样使用。例如，对于字符串"New York, NY"，可以用[0]来获取字符串的第一个字符，或者用[0:3]来获取字符串的前 3 个字符，就像使用列表一样：

```
% python
>>> "New York, NY"[0]
'N'
>>> "New York, NY"[0:3]
'New'
```

而且还可以用下列语句来获取这个字符串的最后两个字符，就像它是个列表一样：

```
>>> "New York, NY"[-2:]
'NY'
```

这里使用了切片表示法，我们用-2 作为倒数第二个字符的位置来告诉 Python "请给我们从倒数第二个字符到字符串结尾的所有内容"（换句话说，请给我们最后两个字符）。很方便，是吧？

如果想找出某个特定的元素在列表中的位置，该怎么办？Python 有一个名为 index()的函数，它允许你这样做：

```
>>> a = ["Mattan", "Daniel", "Priya"]
>>> a.index("Daniel")
1
```

"Daniel"是列表中的第二个元素（记住，Python 数值列表从 0 开始编号）。

使用列表进行存储的缺点是，如果想把存储的内容取出来，就必须记住它们所在的位置（就像你每次想查一个词的定义时，都必须知道它在字典中的第几页）。在后面的 3.8 节中，我们将介绍 Python 中的另一种数据类型：字典。我们可以使用字符串而不是数值来在字典中查找内容。但在此之前，我们还想给你展示一下列表最有用的功能之一：循环。

3.6　循环

遍历列表中的内容非常重要。让我们创建一个全新的名为 loops.py 的文件：

```
# Use for to loop over a list
numbers = [1, 2, 3]
for number in numbers:
    print(number)
```

运行程序，输出内容如下所示：

```
% python loops.py
1
2
3
```

简要来说，for 循环的工作方式是：一次遍历列表中的一个元素，并为每个元素运行相同的代码。这是一个写更少代码的捷径。在本例中，我们遍历了一个包含数值 1、2 和 3 的列表，并一次输出一个数值。

之所以说这是一个捷径，是因为在 Python 中可以用如下更长的代码来实现相同的功能：

```
numbers = [1, 2, 3]

number = numbers[0]
print(number)
number = numbers[1]
print(number)
number = numbers[2]
print(number)
```

你看明白我们如何用这段代码和循环代码产生相同的输出了吗？（如果没有，你可以自己试试。）

Python 中 for 循环的代码结构如下所示：

```
y = [...]
for x in y:
    # 对 x 做点儿什么
```

这个例子中的 x 和 y 是干什么用的呢？y 是运行在 for 循环上的列表（比如数值列表、股票代码列表或人员列表），它必须已经存在。

x 是我们为 for 循环定义的。当程序运行时，宛如你为 for 循环创建了新变量。x 的值将按顺序遍历列表中的每个元素。在运行 for 循环之前，x 变量不需要存在，如果你在 for 循环外面也定义了一个 x 变量，那么它的值将在循环内被覆盖。

这里请注意缩进，Python 据此了解 for 循环中需要重复执行的内容。当程序运行完缩进的代码行时，它会回到 for 循环的开始语句去执行下一次循环。

你可以把 for 循环看作一个"全部应用"的快捷方式。

假设有一个股票代码列表，但它们都是小写的：

```
stocks = ["fb", "aapl", "nflx", "goog"]
```

如何使用 for 循环来输出所有的股票代码并使它们为大写形式？在看我们的答案之前，你可以先自己尝试一下。

我们可能会像下面这样做。

```
stocks = ["fb", "aapl", "nflx", "goog"]
for stock in stocks:
    print(stock.upper())
```

注意这里有两个变量：stock（股票）和 stocks（股票列表）。

通常，当你创建一个变量来保存一个列表时，可以使用复数形式来命名（比如 stocks、numbers、random_things 或 people）。如果你正在循环遍历这个列表，并希望创建一个变量来通用地引用列表中的单个元素，则可以使用单数形式来命名（比如 stock、number、random_thing 或 person）。这些变量只是 Python 在遍历列表时使用的索引。

通常，你会发现开发人员喜欢使用较短的名称作为循环变量，比如 i 或 j。从好的方面来说，它使代码更加简洁。从不好的方面来说，它降低了变量的可读性。这是因为仅仅通过变量名很难知道变量的含义。随着对 Python 编程越来越熟练，你将在命名方面建立自己的习惯。

3.6.1 循环挑战

使用 for 循环输出数值 1 到 10 的平方。现在花 5 分钟来做这件事。

3.6.2   循环挑战解决方案

解决这个问题最简单的方法是用数值 1 到 10 创建一个列表，然后遍历列表中的每个数值来输出数值的平方：

```
numbers = [1, 2, 3, 4, 5, 6, 7, 8, 9, 10]
for number in numbers:
    print(number * number) # 结果等同于 number 的平方
```

输出结果如下所示：

```
1
4
9
16
25
36
49
64
81
100
```

如果你想让输出结果更好看，那么可以进行一些修饰：

```
numbers = [1, 2, 3, 4, 5, 6, 7, 8, 9, 10]
for number in numbers:
    print(number, "squared is", number * number)
```

输出结果如下所示：

```
1 squared is 1
2 squared is 4
3 squared is 9
4 squared is 16
5 squared is 25
6 squared is 36
7 squared is 49
8 squared is 64
9 squared is 81
10 squared is 100
```

你能想出一种更好的方法来遍历 1 到 10 组成的列表吗？

为什么需要一种更好的方法？如果遍历 1 到 100 组成的列表呢？你会把每个数值都列出来吗？1 到 100 万呢？

在网上搜索 "Python 1 to 10"，你应该会发现 range() 函数，它的工作方式是这样的：

```
for x in range(10):
    print(x)
```

输出结果如下所示:

```
0
1
2
3
4
5
6
7
8
9
```

range()函数在使用时需要注意,因为它会生成一个临时的数值列表[1],这个列表包含从 0 开始到(但不包括)你传给它的数值。它还让你可以指定想要从哪个数值开始,这样你就可以得到从 1 到 10 的数值列表:

```
for number in range(1, 11):
    print(number, "squared is", number * number)
```

这个版本比手动创建列表的版本代码要短一些,但它更容易更改遍历的数值范围。

再来个有趣的,请试着输出从 1 到 100 万的数值的平方。注意,如果数值范围设置错误,并且 Python 脚本已经持续运行了一段时间,那么可以按"Ctrl+C"快捷键来中断并提前停止运行。

3.6.3 如何重复做某事

你可以使用 for 循环将相同的代码运行一定的次数:

```
for _ in range(10):
    print("Hey ya!")
```

range(10)将生成一个包含数值 0 到 9 的临时列表,而且循环会针对列表中的每个数值运行一次。for 循环中的 "_" 字符是怎么回事? Python 开发人员喜欢在特定情况下使用 "_" 作为变量名,它实际上不会在循环中被使用(但你仍然需要在这个位置放置一些东西)。你可以把 i (或其他变量名)放在那个位置,而不在循环中使用它,但是 "_" 更整洁。

3.6.4 创建一个新的数值平方列表

到目前为止,我们只在 for 循环中使用了 print(),但我们还可以做更多的事情,例如:

```
squares = []
for number in range(1, 11):
    squares.append(number * number)
print(squares)
```

这段代码实际上执行了以下操作。

(1) 创建一个名为 squares 的空列表。

(2) 对数值 1 到 10 进行遍历。

(3) 对数值求平方。

(4) 将每个数值求平方的结果加入 squares 列表中。

(5) 等循环结束，输出 squares 列表。

当然，Python 还有很多方法可以做这样的事情（可以说更快），但这是一种实现方法。

如果你仍然不清楚一段代码到底应该写在循环内部还是外部，让我们向你展示两种错误的写法，以及每种情况下会发生什么。

错误 1：

```python
for number in range(1, 11):
    squares = []
    squares.append(number * number)
print(squares)
```

这里我们把 squares = []放在 for 循环中。你觉得会发生什么？运行代码，你将看到以下输出：

```
[100]
```

这是因为我们在每次循环中都覆盖了 squares 变量的值并将其重置为空列表。最后只剩下最终值，它不会因为循环结束而被覆盖。

错误 2：

```python
squares = []
for number in range(1, 11):
    squares.append(number * number)
    print(squares)
```

这里我们把 print(squares)放在 for 循环中。你觉得会发生什么？这一次，我们将得到以下输出：

```
[1]
[1, 4]
[1, 4, 9]
[1, 4, 9, 16]
[1, 4, 9, 16, 25]
[1, 4, 9, 16, 25, 36]
[1, 4, 9, 16, 25, 36, 49]
[1, 4, 9, 16, 25, 36, 49, 64]
[1, 4, 9, 16, 25, 36, 49, 64, 81]
[1, 4, 9, 16, 25, 36, 49, 64, 81, 100]
```

这会在每次循环结束前输出 squares 变量的值，所以我们得到了这个漂亮的由数值组成的金字塔。尽管在 for 循环中使用 print()可以有效地调试问题并准确地找出代码中存在的问题，但这也未必是你想要的。

列表推导式

Python 有一个内置的、更快的方法来从一个列表生成另一个列表。它被称为"列表推导式"，形式如下：

```
[number * number for number in range(1,10)]
```

这基本上实现了和前文代码一样的功能，但是所有代码都在一行中。对初学者来说，这个列表推导式可能很难理解，但你得知道这个功能。列表推导式的优点是你不必事先创建一个空列表来给它添加值，而且整个代码段更简短。

3.7　FizzBuzz 游戏

你听说过 FizzBuzz 吗？这是程序员面试中的一个常见问题。一些程序员讨厌这个面试问题，因为它迫使他们在时间压力下现场思考，并且不允许他们搜索资源（如 Stack Overflow）。尽管如此，我们还是来看看这个挑战。

3.7.1　FizzBuzz 挑战

写一个程序，输出从 1 到 100 的数值。但是对于 3 的倍数，输出"Fizz"而不是数值，对于 5 的倍数，输出"Buzz"。对于同时是 3 和 5 的倍数的数值，输出"FizzBuzz"。

在解决这个问题之前，你还需要学习如何检查一个数值是否能被 3 或者 5 整除。可以使用 Python 中的"%"来实现这个功能。%用于取余数。例如，3 % 3 是 0，4 % 3 是 1，5 % 3 是 2，6 % 3 是 0，等等。

换句话说，可以通过 number % 3 == 0 的结果是 True 或者 False 来检查一个数值是否能被 3 整除。

现在花 10 分钟来完成这个挑战。

感觉被"卡住"了？那请继续阅读下面的内容，获得提示。

首先，强烈建议你在阅读我们的解决方案之前至少花些时间去尝试。我们保证你先用 10 分钟绞尽脑汁去思考，比直接跳到下面去阅读解决方案能学习得更好。从某种意义上说，这个问题代表了你在编程中将遇到的许多问题，并且你不能总是假设其他人已经为你解决了这个问题。

其次，建议你将大问题化解为小问题。事实上，这对一般的编程问题来说也是一个好主意。它为你提供了一个更容易的起点，你可以通过实践和测试来知道哪些部分工作，哪些部分不工作。

例如，我们将 FizzBuzz 挑战分解为以下几个子挑战。

(1) 输出从 1 到 100 的数值。

(2) 检查数值是否能被 3 整除，如果是，就输出"Fizz"。

(3) 检查数值是否能被 5 整除，如果是，就输出"Buzz"。

(4) 检查数值是否能同时被 3 和 5 整除，如果是，就输出"FizzBuzz"。

即使你不清楚如何完成第(2)步到第(4)步，第(1)步也应该相当容易。你可以用前面学过的输出 1 到 10 的方法来输出 1 到 100。

解决第(1)个问题后，继续后面的问题。"如果"这个词可能会提醒你需要在某个地方（也许是在 for 循环中）使用 if 语句。同样花一些时间去尝试一下。当你准备好了，请继续阅读，看看我们的解决方案。

3.7.2　FizzBuzz 挑战解决方案

让我们分几步来解决这个问题。

1. 输出从 1 到 100 的数值。

回头看看 3.6.2 节的循环挑战解决方案，想想如何能做到这一点：

```
for number in range(1, 101):
    print(number)
```

输出如下所示：

```
1
2
3
...
99
100
```

如果你忘记了如何指定 range(1, 101)的开始和结束，没关系。你既可以在网上查一下，也可以通过反复试验来解决。请注意，只要你的用法一致，在 for 循环中实际调用的变量无论是 number 还是 x 都没关系。

2. 检查数值是否能被 3 整除，如果是，就输出"Fizz"。

这里的关键是弄清楚如何将 if 语句放入 for 循环中。可以通过(number % 3) == 0 来检查 number 是否能被 3 整除，只需把它放在 if 语句中即可：

```
for number in range(1, 101):
    if (number % 3) == 0:
        print("Fizz")
```

输出如下所示：

```
Fizz
Fizz
Fizz
...
```

我们只能看到每个能被 3 整除的数值的 "Fizz"，而看不到应该被输出的任何其他数值。这是因为我们的 if 语句没有对应的 else。可以使用 else 语句把不能被 3 整除的数值也输出来：

```
for number in range(1, 101):
    if(number % 3) == 0:
        print("Fizz")
    else:
        print(number)
```

输出如下所示：

```
1
2
Fizz
...
98
Fizz
100
```

总的来讲，建议你尽早并经常运行代码，你可以检查它是否在做你认为它应该做的事情。这样你可以在错误一出现时就发现它，而不是等到最后，那时候就很棘手了。

3. 检查数值是否能被 5 整除，如果是，就输出 "Buzz"。

如果你已经弄清楚上面的程序，那么这个部分就比较简单了。只需添加一个额外的 elif 语句来检查数值是否能被 5 整除：

```
for number in range(1, 101):
    if(number % 3) == 0:
        print("Fizz")
    elif(number % 5) == 0:
        print("Buzz")
    else:
        print(number)
```

输出如下所示。

```
1
2
Fizz
```

```
4
Buzz
...
98
Fizz
Buzz
```

4. 检查数值是否能同时被 3 和 5 整除，如果是，就输出"FizzBuzz"。

这一步有点儿棘手，因为像上一步中那样添加一个额外的 elif 语句已经不能解决问题了：

```
for number in range(1, 101):
    if(number % 3) == 0:
        print("Fizz")
    elif(number % 5) == 0:
        print("Buzz")
    elif((number % 3) == 0) and ((number % 5) == 0):
        print("FizzBuzz")
    else:
        print(number)
```

运行上面这段代码，它的输出跟我们在上一步中修改以后得到的结果一样。对于能同时被 3 和 5 整除的数值，比如 15、30 等，我们看到的还是"Fizz"：

```
...
13
14
Fizz
16
17
...
```

之所以得到这样的结果，是因为 if 语句、elif 语句和 else 语句是按顺序执行的。例如，15 可以同时被 3 和 5 整除。当循环到这个数值时会发生什么？第 1 行代码将检查当前这个数值是否能被 3 整除，如果检查结果为"是"，那么程序将输出"Fizz"，并绕过后面的检查。

这个问题有许多种解决方案，但最简单的一种是颠倒 if 语句和 elif 语句的顺序，以便首先检查最具体的情况：

```
for number in range(1, 101):
    if ((number % 3) == 0) and ((number % 5) == 0):
        print("FizzBuzz")
    elif (number % 3) == 0:
        print("Fizz")
    elif (number % 5) == 0:
        print("Buzz")
    else:
        print(number)
```

输出结果如下所示：

```
1
2
Fizz
...
14
FizzBuzz
16
...
98
Fizz
Buzz
```

漂亮！

此时代码仍然有许多可能的优化，例如，你可能已经发现((number % 3) == 0 and (number % 5) == 0)与(number % 15) == 0结果相同，用后面这种方式，代码可以写得更短，尽管代码是否越短越好还存在争议。有些人可能会认为，使用前面的方式代码更清晰，如果有需要，那么以后很容易找到并修改这个判断条件。

程序员们甚至在竞争为 FizzBuzz 和其他挑战提出最短代码的解决方案，这类方案在编程实践网站 HackerRank 上比比皆是。（如果你想尝试一些额外的练习题，建议你去看看。）

截至撰写本书之时，我们通过在线搜索能够找到的 FizzBuzz 最短代码的解决方案如下所示：

```
for x in range(100):print(x%3//2*'Fizz'+x%5//4*'Buzz'or x+1)
```

同样，短代码并不意味着好，我们认为这一行代码晦涩难懂。[2]

3.8　字典

Python 中的列表很有用，它可以让你把不同的东西组合在一起。你也可以使用 for 循环来避免一遍又一遍地重写相同的代码，但是你很快就会看到为什么列表并不总是 Python 中存储某些类型的数据的最佳方式。为了弥补列表的局限性，我们将引入一种新的数据类型：字典。

例如，我们想在 Python 中存储一大堆与公开交易股票相关的信息，所以决定创建一个列表：

```
stock = ["Microsoft", "MSFT", "NASDAQ"]
```

我们还希望跟踪该股票最近的开盘价和收盘价。我们也可以将这些添加到列表中：

```
stock.append(108.25) # 开盘价
stock.append(106.03) # 收盘价
```

现在，如果想访问某个特定的信息，则必须准确地记住所有信息的位置（或输出整个列表并计数）。例如，股票代码是列表中的第二个元素，收盘价是第五个元素（还是第四个？这很容易记不清），下面的代码应该是可以工作的：

```
print(f"{stock[1]} is trading at {stock[4]}")
```

这显然很难用。问题是，即使这些信息应该被组合在一起，如果我们只是把它们扔进一个列表，那么也会失去一些重要的东西。它们都是某个事物的属性，比如人的头发颜色、眼睛颜色、身高、体重和许多其他属性。而且，在处理列表时，Python 也没有给我们一种方法来标记每个元素实际上是什么。

但是 Python 还有另一种数据结构——字典，它的工作方式类似于列表，而且允许使用字符串[3]而不仅是每个位置的数值来标记数据。这样，顺序就不重要了，我们可以使用字符串访问任何数据。

要了解字典是如何工作的，可以创建一个名为 dictionaries.py 的文件，并编写以下代码：

```
# Dictionaries let you label values using strings
stock = {"name": "Microsoft", "ticker": "MSFT", "index": "NASDAQ"}
```

请注意，我们在外部使用花括号而不是列表中用的方括号来创建字典。在 Python 中，当创建一个包含很多内容的字典时，将其拆分为多行会更容易阅读：

```
# Dictionaries let you label values using strings
stock = {"name": "Microsoft",
         "ticker": "MSFT",
         "index": "NASDAQ"}
```

通常来说，为方便阅读，标签都是排成一行的。因为 Python 会将整个内容解释为一行，所以制表符或空格的具体数量就不重要了。另外，只要在花括号内，换行符也不重要（正如我们在 happy_hour.py 中看到的那样，列表也是如此）。

在字典中，每个冒号左边的内容称为**键**，右边的内容称为**值**，我们称其为键–值对：

```
"key": value
```

对于字典，键总**是**有一个值，值也总是有一个键。键是一个字符串，但值基本上可以是任何东西，比如字符串、数值、列表，甚至是另一个字典。在字典中，每个键都是唯一的（这意味着不能多次使用同一个键）。每个键和值之间总是有一个冒号，同时也不要忘记在每个键–值对之间放一个逗号。

我们可以像对待列表一样使用方括号来从字典中获取一些东西，我们在方括号中放入键，而不是一个数值。请将以下内容添加到 dictionaries.py 中：

```
print(f"{stock['name']}'s stock ticker is {stock['ticker']}")
```

我们从 stock ['name']和 stock ['ticker']中取得的值应该是'Microsoft'和'MSFT'，这些都是最初在创建股票字典时我们给这些键设置的值。

f 字符串允许我们使用一个键从股票字典中查找对应的值，并将该值直接插入字符串中。需要注意 f 字符串中的键是使用单引号还是双引号。如果 f 字符串在外部使用了双引号，那么键就要使用单引号，比如 f"{stock['name']}"s，否则 Python 会认为字符串在键开始的地方已经结束了。

以下两段代码看起来非常相似：

```
stock[1]
```

和

```
stock['ticker']
```

但是第一段代码只对列表有效，而第二段代码只对字典有效。方括号中的内容提示了我们正在使用哪一种数据结构。

要理解列表和字典之间的区别，一种方法是思考一个实际的字典是如何工作的。当你拿起一本字典来查找一个单词的定义时，你会翻遍书页，直至找到那个单词（键），然后阅读定义（值）。如果实际的字典是像列表一样的结构，我们就必须记住每个单词的定义所在的页码，这样的字典完全无法使用。

获取字典的键列表

可以使用 .keys() 函数来获取字典的键列表：

```
>>> stock = {"name": "Microsoft",
...          "ticker": "MSFT",
...          "index": "NASDAQ"}
>>> stock.keys()
dict_keys(['name', 'ticker', 'index'])
```

当字典中存储了很多内容时，我们可能已经忘记了都有哪些键，此时获取键列表就变得很有用。

3.8.1 字典挑战，第一部分

字典通常用于存储信息，比如存储用户信息。在 dictionaries.py 中创建一个名为 user 的字典，以下是该字典的键：'name'、'height'、'shoe size'、'hair' 以及 'eyes'。用你自己的信息填充这些键的值，完成后，输出保存在字典中的值。

3.8.2　字典挑战解决方案，第一部分

你的 user 字典看起来如下所示：

```
user = {'name': 'Mattan',
        'height': 70,
        'shoe size': 10.5,
        'hair': 'Brown',
        'eyes': 'Brown'}
```

别忘了，在这种情况下，制表符和换行符并不重要，它们只是为了让代码更容易阅读（当然，也可以将整个字典放在一行代码上）。如何输出值取决于你自己，我们使用 f 字符串：

```
print(f"Name: {user['name']}")
print(f"Height: {user['height']}")
print(f"Shoe Size: {user['shoe size']}")
print(f"Hair Color: {user['hair']}")
print(f"Eye Color: {user['eyes']}")
```

运行这段代码，结果如下所示：

```
Name: Mattan
Height: 70
Shoe Size: 10.5
Hair Color: Brown
Eye Color: Brown
```

当然也可以把所有内容输出在一行里面，代码如下所示：

```
print(f"{user['name']}'s height is {user['height']}, shoe size is
{user['shoe size']}, hair color is {user['hair']}, and eye color is
{user['eyes']}")
```

但这一行代码就会显得太长。

3.8.3　增加键–值对

鉴于我们已经创建了一个包含字典的 stock 变量，给它添加新的键–值对非常容易。将以下内容添加到 dictionaries.py 中：

```
...
stock["open price"] = 108.25
stock["close price"] = 106.03
print(stock)
```

可以看到输出的 stock 的内容：

```
{'name': 'Microsoft', 'ticker': 'MSFT', 'index': 'NASDAQ', 'open
price': 108.25, 'close price': 106.03}
```

添加新的键–值对跟用键查找值的代码基本相同（如 stock["open price"]），我们只不过是

把它当成一个值。因为键是字符串,所以还可以在键名中使用空格。

另外,需要注意的是,键是区分大小写的。例如,尝试输出 stock["Open Price"]将产生以下错误:

```
Traceback (most recent call last):
    File "dictionaries.py", line 26, in <module>
        print(stock["Open Price"])
KeyError: 'Open Price'
```

如果试图使用字典中根本不存在的键,那么也会出现同样的 KeyError,比如 stock["volume"]。

从字典中查找内容的更安全的方法

如果不知道字典中是否包含特定的键,那么从字典中获取值的一种更安全的方法是使用字典的 get()函数:

```
stock.get('volume')
```

如果键存在,那么 get()函数将返回该键所对应的值。如果键不存在,那么 get()函数什么内容也不返回,同时它也不返回错误。这样,使用 get()函数就不会因为遇到出错信息而阻碍运行代码的其余部分运行。这个函数还有另一个很酷的特性,那就是我们可以设置一个默认值,当在字典中找不到键的时候,它会将这个默认值返回给我们:

```
stock.get('volume', 'Value not found')
```

当你不知道字典里有什么时,使用 get()函数可能更安全。这是一把双刃剑,因为它会屏蔽代码中的错误信息,这些信息本身可能会帮助我们查看代码是否有问题。

3.8.4 字典挑战,第二部分

在 3.8.1 节创建的 user 字典中添加"favorite movies"键及其值,然后将其输出。

3.8.5 字典挑战解决方案,第二部分

我们的解决方案如下:

```
...
user['favorite movies'] = ['Pulp Fiction', 'Magnolia', 'The Royal
Tenenbaums']
print(f"Favorite Movies: {user['favorite movies']}")
```

运行这段代码会获得如下结果:

```
Favorite Movies: ['Pulp Fiction', 'Magnolia', 'The Royal Tenenbaums']
```

注意，我们将 user ['favorite movies']的值设置为一个列表。如果像下面这样写代码：

```
user['favorite movies'] = 'Pulp Fiction, Magnolia, The Royal Tenenbaums'
```

则值不是列表而是字符串。如果你觉得差异不明显，请重新阅读 3.5.2 节。

现在如果你和我们一样困扰于 Python 中列表的形式，则可以把列表输出为字符串，它看起来就像这样：

```
Favorite Movies: Pulp Fiction, Magnolia, The Royal Tenenbaums
```

回想一下 3.5.2 节，我们可以使用 join()函数将任何列表转换为字符串。我们也可以在 dictionaries.py 中做同样的事情：

```python
print(f"Favorite Movies: {', '.join(user['favorite movies'])}")
```

这应该会让我们的输出更具可读性。

3.8.6　字典的用途

字典可以用来表示从表（或数据库）中检索到的行，因为我们可以使用列名作为键来标记信息，参见下表。

Name	Height	Shoe size	Hair	Eyes	Favorite movies
Mattan	70	10.5	Brown	Brown	['Pulp Fiction', 'Magnolia', 'The Royal Tenenbaums']
⋮	⋮	⋮	⋮	⋮	⋮

如果想获取第 1 行并在 Python 中对其进行处理，那么可以将其表示为一个列表：

```python
user = ['Mattan', 70, 10.5, 'Brown', 'Brown', ['Pulp Fiction',
'Magnolia', 'The Royal Tenenbaums']]
```

但是很快你就会对列表中的每个元素实际代表什么感到困惑。70 和 10.5 指的是什么？哪个 'Brown'是指头发的颜色，哪个是指眼睛的颜色？使用字典就可以让我们跟踪列名：

```python
user = {'name': 'Mattan',
        'height': 70,
        'shoe size': 10.5,
        'hair': 'Brown',
        'eyes': 'Brown',
        'favorite movies': ['Pulp Fiction',
                'Magnolia',
                'The Royal Tenenbaums']}
```

这读起来可能会有点儿混乱，但它包含了我们从列表中无法获得的重要信息。

做一个小练习，假设你有一个包含多篇文章的博客。你已经使用 Python 连接到数据库并获取了最新的文章，该文章存储在名为 blog_post 的字典中。你希望在这个字典中找到哪些键和值？以下是我们可能会想要了解的一些关键信息。

❑ title
❑ body
❑ author
❑ created_at
❑ published_at

怎么知道 blog_post 可能有 created_at 键和 published_at 键呢？我们已经看过很多数据库了，这些内容是常见需要保存的公共信息，博客需要跟踪它们。

在这一点上，你可能也认为这会很快变得非常复杂。许多真实的数据集包含数百列和数千行，如果我们必须为每个数据集创建一个像前面那样的字典，则最终会得到难以管理的代码，而且这也不是人们真正看待数据的方式。我们倾向于将数据集视为表、列和行，并且更愿意将它们存储在 Excel 文件而不是代码文件中。在本书的第二部分中，我们将回到这些问题，并介绍 Python 如何以更直观的方式提供一组强大的工具来处理大型数据集。

3.9 总结

在本章中，我们通过介绍 if 语句、Python 中的逻辑运算、列表、for 循环和字典扩展了你对 Python 的理解。我们还解决了在编程面试中经常被问到的、特别棘手的 FizzBuzz 问题。虽然你应该已经准备好应用学到的知识来做一些实际的数据分析，但还需要学习 Python 中的两个重要内容：函数和导入 Python 包。这是本书第一部分最后一章的主要内容。

第 4 章

Python 基础（三）

你可能会认为函数很难，因为我们将它留到本书第一部分的最后才介绍。Python 中的函数在概念上非常简单：函数只是一种保存代码的方式，以便你可以重复运行它。但是，函数中还存在很多难以理解的细微之处。本章将由浅入深地对其进行介绍。当进入本书的第二部分后，你会发现这些辛苦和努力都是值得的。

如果曾经使用过 Excel，那么你可能已经熟悉函数及其功能。Excel 中有许多有用的内置函数，比如 SUM()、AVERAGE()、COUNT()、CONCATENATE()，甚至 IF()[1]。

在前几章，你已经接触过几个 Python 函数，比如 print()、len() 和 lower()。本章将介绍更多的函数及其更强大的功能。

4.1 本章内容简介

在本章中，你将从头开始创建自己的函数。你将学习函数的参数、输出、重构并了解在使用函数时容易出错的地方，比如错误的参数数量或参数类型。最后，你将学习 Python 包的概念，并了解如何导入他人编写的函数，从而使你的代码功能更强大。

4.2 函数介绍

首先，创建一个名为 functions.py 的文件，并添加以下代码：

```
grades = [90, 85, 74]
prices = [12.99, 9.99, 5.49, 7.50]
print(sum(grades) / len(grades))
print(sum(prices) / len(prices))
```

回想一下我们在列表部分（参见 3.5 节）介绍的函数 sum()，该函数可以计算列表中所有数值的总和。还有一个函数 len()，它可以计算列表中元素的数量。我们在这里所做的是创建两个包含数值的列表，然后计算并输出每个列表的**平均值**，其中平均值被定义为列表中数值的总和除以列表中数值的数量。程序的结果如下所示：

```
% python functions.py
83.0
8.9925
```

如果需要重复使用以上功能，则可以将之变成一个函数。为此，需要将 functions.py 中的代码替换为如下内容：

```
# Functions are little snippets of code
# that we can reuse over and over
def average(numbers):
    return sum(numbers) / len(numbers)

grades = [90, 85, 74]
prices = [12.99, 9.99, 5.49, 7.50]

print(average(grades))
print(average(prices))
```

在 Python 中创建新函数的步骤如下。

(1) 以 def（代表 define）和一个空格开始。

(2) 空格后紧跟函数名（变量的命名建议同样适用于函数，使用小写字母并用下划线代替空格）。我们稍后将使用它来运行（或"调用"）该函数。

(3) 函数名后紧跟括号，你可以在括号中写上函数在实际运行时需要传入的任何输入（或**参数**），它们将在函数内部被用作变量。

(4) 使用冒号（:）来结束函数定义行。切记这一点。

(5) 缩进函数内部的所有代码。就像 if 循环和 for 循环一样，Python 通过缩进来确定哪些代码是函数的一部分。

函数的一般结构如下所示：

```
def function(input1, input2, ...):
    # Do something with inputs
    return ...
```

函数一旦被创建，我们就可以通过引用函数名称并传入函数需要的参数来运行（或"调用"）它。

在上面的例子中，average() 函数只有一个参数：numbers。numbers 虽然是一个列表，但在 Python 中仍被视为一个输入。稍后本章会更详细地介绍函数参数，但值得注意的是，尽管我们不知道 numbers 实际是什么，但是仍然可以通过它来定义 average() 函数。我们必须选择一个占位符，使其在函数运行时可以被引用。

占位符也被称为参数，它是仅在函数内部存在的变量。之所以选择 numbers 作为参数名，是因为对这个计算平均值的函数而言，输入应该是一些数值。但是在创建函数时，你可以随意命名输入（就像创建新变量一样），唯一的限制是必须在函数内部引用相同的名称。

接下来，当你运行函数并传入像 grades 或 prices 这样的列表时，该列表在函数内部变成了 numbers。不是必须传入变量，也可以直接传入列表：

```
print(average([0, 1, -1])
```

列表[0, 1, -1]变成了 numbers 变量的内容，它在函数运行时会被代入：

```
sum([0, 1, -1]) / len([0, 1, -1])
```

说到返回值，你可能已经注意到函数中的一行代码前面有一个 return 关键字：

```
def average(numbers):
    return sum(numbers) / len(numbers)
```

return 关键字做了什么？它定义了函数的输出，你几乎会在每个函数的最后一行看到它（稍后会更详细地讨论此问题）。让我们来看另一个例子，将以下内容添加到 functions.py 中：

```
address = "3022 Broadway, New York, NY 10027, USA"
city = address.split(', ')[1]
print(city)
```

运行这段代码，你会看到如下内容：

```
% python functions.py
...
New York
```

发生了什么？这里有一个名为 address 的字符串变量，这个字符串有固定的格式：街区—城市—邮政编码—国家。代码的第 2 行，即 address.split(', ')，根据逗号和空格将 address 拆分为一个列表，并返回了如下内容：

```
['3022 Broadway', 'New York', 'NY 10027', 'USA']
```

然后我们通过[1]获取列表中第二个元素并将其保存到 city 变量中（别忘记，列表的第一个元素的位置为[0]）。

假设你想："嗯，我可能会再次执行这个操作。让我把它变成一个函数。"该函数可能如下所示：

```
def get_city(address):
    return address.split(', ')[1]

address = "3022 Broadway, New York, NY 10027, USA"。
city = get_city(address)
print(city)
```

输出的结果与之前相同，但我们将之前的 address.split(', ')[1]语句包装在了一个函数内，添加了一个 return 语句，并确保函数参数与代码匹配。

请注意，在定义 get_city()函数时，我们命名的函数参数与运行函数时传递的 address 变量完全不同。这没关系，因为这里有一个作用域的概念：在函数内创建的变量（包括输入的名称）仅在该函数内部可用。

作用域的概念很快会变得复杂和令人费解。但可以这么说，在函数内部创建的 address（运行函数时传递的变量）可以与在函数外部定义的 address 不同。可以通过以下示例证明这一点：

```
...

columbia = "3022 Broadway, New York, NY 10027, USA"
city = get_city(columbia)
print(city)
```

这仍然可以正常工作。你明白了吗？好的，让我们来做一下测试。

4.2.1　函数挑战（一）

创建一个名为 get_state()的函数，该函数以形如"3022 Broadway, New York, NY 10027, USA"的地址字符串为输入，并返回该地址的州（NY）。

4.2.2　函数挑战的答案（一）

get_state()函数会比 get_city()函数稍微复杂一点儿，因为它需要一些额外的步骤。大体思路是，如果你有以下形式的地址：

```
address = "3022 Broadway, New York, NY 10027, USA"
```

则可以用逗号对它进行拆分：

```
address.split(', ')
```

以获得如下列表：

```
['3022 Broadway', 'New York', 'NY 10027', 'USA']
```

现在可以使用[2]来获取第三个元素：

```
address.split(', ')[2]
```

这会返回如下内容：

```
'NY 10027'
```

这个字符串既包含州名，又包含邮政编码，但我们只需要州名。怎样才能仅获取州名呢？一种方法是仅用空格来拆分它：

```
address.split(', ')[2] .split()
```

我们不需要向第二个 split() 传递参数，因为默认情况下它会按空格拆分字符串，[2]结果是返回另一个列表：

```
['NY', '10027']
```

现在就可以通过[0]来获取这个列表的第一个元素（州名）了。

```
address.split(', ')[2] .split()[0]
```

接下来将这些代码放入 get_state() 函数中：

```
def get_state(address):
    return address.split(', ')[2].split()[0]

state = get_state(columbia)
print(state)
```

代码将产生以下输出：

```
% python functions.py
...
NY
```

当然，还有其他方法可以解决此问题。例如，使用[0:2]（参见 3.5.3 节中的 "在字符串上使用切片"）从 NY 10027 中获取前两个字符。如果你愿意，那么可以尝试这种替代方法。

请注意，本挑战中定义的 get_state() 函数和之前创建的 get_city() 函数都要求输入的字符串必须遵循特定的格式。如果我们更改输入，则这些函数可能无法正常工作。例如，我们给出的地址还包括房间号：

```
"3022 Broadway, Room 142, New York, NY 10027, USA"
```

此时，get_city() 和 get_state() 都不会产生预期的输出。具体来说，get_city("3022 Broadway, Room 142, New York, NY 10027, USA") 将返回 'Room 142'，而 get_state("3022 Broadway, Room 142, New York, NY 10027, USA") 将返回 'New'。

这说明函数通常高度依赖于它们获得的输入。在创建函数时，必须仔细考虑输入可能采取的不同形式，并编写我们的代码以使其考虑到不同种类的输入，或者至少确保我们始终能传入正确类型的输入。4.2.10 节将对此进行深入介绍。

4.2.3　函数的作用

让我们先退后一步来考虑为什么函数会存在。函数的一个作用是接收一个或多个输入并给出输出（参见下图）。

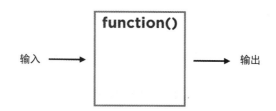

输入几乎可以是任何东西，输出也一样。在函数内部，一系列步骤会一遍又一遍地重复执行，就像工厂流水线一样，它接收不同的原材料（如钢材、铝材、玻璃、橡胶和油漆），并生产出某种产品（如汽车）。

同样，当你编写的代码可能会在不同的地方被重复使用时，将其转换为函数是有意义的。login()是大多数网站中的常见函数，它会接收用户名和密码作为输入，然后检查它们是否正确，如果正确就允许用户登录网站。

到目前为止，我们定义的两个函数（get_city()和 get_state()）都将字符串作为输入，并返回一个字符串作为输出。函数可以做很多事情，例如，你可以定义一个函数，执行以下任意操作。

❑ 接收一个单词（一个字符串），并给出该单词的复数版本（一个字符串）。
❑ 接收大量文本（一个字符串），并给出该文本中出现次数最多的单词（一个字符串列表）。
❑ 接收两个数值（两个整数或浮点数），并判断其中一个是否可被另一个整除（True 或 False）。

还记得在 FizzBuzz 挑战（参见 3.7.1 节）中，如何不断地检查一个数值是否能被 3 或 5 整除吗？我们不得不重复相同类型的代码多次：

```
(number % 3) == 0
```

和

```
(number % 5) == 0
```

这两段代码看起来很相似，这说明将它们变成一个函数可能是有用的。让我们将如下代码添加到 function.py 中：

```
def divisible_by(number, divisor):
    if (number % divisor) == 0:
        return True
    else:
        return False
print(divisible_by(15, 3))
print(divisible_by(20, 3))
```

15 可以被 3 整除，20 则不行。当我们运行文件时，应该会看到以下输出。

```
% python functions.py
...
True
False
```

标记函数的参数

顺便提一下，函数的一个特性是，在调用函数时，可以选择性地标记函数参数：

```
print(divisible_by(number=15, divisor=3))
print(divisible_by(number=20, divisor=3))
```

这两行代码将返回与 divisible_by(15, 3) 和 divisible_by(20, 3) 相同的结果。这可以帮助我们或阅读我们代码的其他人正确区分这两个参数，因为参数名也可以作为一种标签。标记函数参数的另一个好处是，它允许我们交换参数的顺序：

```
print(divisible_by(divisor=3, number=15))
```

这将返回与 divisible_by(15, 3) 相同的结果。通过标记，Python 可以根据它们传递的顺序自动确定每个输入对应哪个函数参数。

4.2.4 重构和技术债

术语"代码异味"（code smell）有时会帮助你意识到代码存在问题，比如代码不够灵活、难以理解，或容易出错。

代码重复是代码异味的一个例子，即相同或相似的代码在一个文件或多个文件中重复出现。[3] 代码重复之所以很糟糕，是因为如果你想要更新某段代码，则必须返回重复的每个地方进行更新。随着代码变多，这将越来越困难，而且你可能会漏掉某个地方的更新，这就可能导致代码出错。

解决这个问题的一种方法是将所有重复的代码都提取到一个地方（比如一个函数中），然后重复使用该函数。这种做法的优点是，如果你决定重新设计函数或以某种方式改进代码，那么只需在一个地方进行更改即可。

术语"重构"是指用重写代码的方法，让代码在功能完全相同的情况下，在某些方面更好。在哪些方面更好呢？可以是更易于阅读、更短、更快或更方便以后更改。当我们首次编写 divisible_by() 函数时，它看起来非常好：

```
def divisible_by(number, divisor):
    if (number % divisor) == 0:
        return True
    else:
        return False
```

第二天我们又看了一眼，发现不小心使用了多余的代码。你能想出一种用更少的代码实现此函数的方式吗？像下面这样做如何？

```
def divisible_by(number, divisor):
    return (number % divisor) == 0
```

这样做完全没有问题，因为无论何时在代码中使用"=="，我们都会得到 True 或 False。

第二种方法比第一种方法更好吗？一般来说，使用短的代码更好，只要代码的功能依然清晰。记得 FizzBuzz 挑战的一行代码解决方案吗？那种解决方案几乎无法理解（参见 3.8.2 节）。下面是另一个例子，说明了短代码可能并不是更好：

```
for x in range(100):print(x%3//2*'Fizz'+x%5//4*'Buzz'or x+1)
```

为什么不好呢？短代码在 Python 中并不一定运行得更快，而且其更难阅读，这使得其他编程人员更难理解（即使那个编程人员是未来的你）。

编程中有一个重要概念，称为"技术债"（technical debt），它是指代码中的小缺陷（有时也可能是大缺陷）：可能是代码不够清晰、不够高效，或者没有考虑到灵活性。通常情况下，第一次编写代码时，人们很难想出最好、最清晰的编写方式。这很正常。你刚开始编写代码时，最初的目标应该是编写可工作的代码，而不是试图编写完美的代码。当你开始时，很难知道什么会使代码更好或更差，而对写出糟糕代码的恐惧可能会让你寸步难行。

随着时间的推移，代码中的小缺陷可能会累积成以后不得不"偿还"的重大技术债。因此，不断查看你已经编写的代码并尝试改进（或"重构"）它是个好习惯。

对非技术人员来说，很难理解为什么重构是有价值的，尤其是当它并没有改变代码的功能时——只是让代码在某些方面变得更好了。公司往往过于专注于通过发布产品的新功能为客户创造业务价值，以至于忽视了那些看似没有短期价值的事情，比如重构。

问题在于，如果你不回过头来改进你的代码，你就会开始累积技术债。技术债可能会使你的开发团队变得效率低下。考虑这样一种情况：由于代码重复等问题，一个微小的更改会耗费更多的时间。随着时间的推移，你的代码变得越来越庞大（一些大公司的产品可能有成百上千万行代码，据说微软的 Windows 操作系统大约有 5000 万行代码），整个代码库就像一个巨大的绳结，一个地方的更改可能会对其他地方的代码产生难以预测的影响。最终，技术债可能会使一个组织陷入困境。

4.2.5 函数挑战（二）

创建一个名为 uppercase_and_reverse() 的函数，其输入是一个字符串。该函数会将输入的字符串变成大写并反转顺序，再将其返回。例如：

```
>>> uppercase_and_reverse('banana')
'ANANAB'
```

现在，花 5 分钟尝试完成这个挑战。

4.2.6   函数挑战的答案（二）

你想明白了吗？我们一起来看看。定义一个函数时，首先需要确定输入和输出是什么。在这个挑战中，非常简单：输入是一个字符串，输出也是一个字符串。

然后，让我们决定该函数的名称以及应该如何为其参数命名，也就是说，该如何命名输入。因为我们已经知道该函数是 uppercase_and_reverse()，所以只需要决定输入的名称。我们使用 text（几乎任何名称都可以，比如 string 或 word）：

```
def uppercase_and_reverse(text):
```

接下来该怎么做呢？是先处理转为大写还是先处理顺序反转呢？在这种情况下，两者的顺序无关紧要。可以按任意顺序来处理，但是顺序可能对于其他函数很重要。让我们先处理大写：

```
def uppercase_and_reverse(text):
    text.upper()
```

2.8.1 节中简要提到过 upper()函数，你也可以通过搜索 "Python 如何将字符串转为大写" 得到答案。

之后，将转为大写后的文本存储在一个新变量中（在函数内部创建的变量在函数执行完后会被释放，它们仅在函数内部存在）：

```
def uppercase_and_reverse(text):
    uppercased_text = text.upper()
```

现在我们要将字符串的顺序反转。我们还没有学过这个，你可能想尝试使用 uppercased_text.reverse()。然而，这样做不行，因为 Python 没有 reverse()函数。想知道怎么做，你可以尝试用搜索引擎搜索一下。（说真的，在学习编程时，你应该善于使用搜索引擎搜索问题的答案，这是一个很重要的技能。）尝试搜索 "Python 如何反转一个字符串"。我们在 Stack Overflow 网站上找到了一段示例代码：

```
>>> 'hello world'[::-1]
'dlrow olleh'
```

[::-1]是什么？它是如何工作的？我们虽然不知道，但是它似乎可以解决我们当前的问题，[4]让我们把它添加到 uppercase_and_reverse()函数中：

```
def uppercase_and_reverse(text):
    uppercased_text = text.upper()
    uppercased_reversed_text = uppercased_text[::-1]
```

我们的函数没有任何返回值。如果现在尝试运行它，那么函数将始终返回 None（有关此内容的更多信息参见 4.2.9 节）。为了确保我们的函数可以输出内容，就必须添加另一行以 return 关键字开头的代码，并告诉它我们希望输出什么：

```
def uppercase_and_reverse(text):
    uppercased_text = text.upper()
    uppercased_reversed_text = uppercased_text[::-1]
    return uppercased_reversed_text
```

现在可以使用以下代码进行测试：

```
print(uppercase_and_reverse('Banana'))
```

结果如下所示：

```
ANANAB
```

这个函数可以工作，但回头看看它，我们可以做什么样的重构呢？为什么需要 uppercased_reversed_text 这个变量呢？我们只是返回它，所以这个变量可能并不必要。那么，如何删除它呢？可以这样做：

```
def uppercase_and_reverse(text):
    uppercased_text = text.upper()
    return uppercased_text[::-1]
```

此时，你可能已经意识到，我们实际上可以将 upper() 和 [::-1] 结合成一行，并完全消除 uppercased_text 变量：

```
def uppercase_and_reverse(text):
    return text.upper()[::-1]
```

在进行修改时，最好随时运行代码，以确保它始终可以正常工作。这可以帮助你尽早发现错误。

4.2.7　函数挑战（三）

在名为 finance_functions.py 的新文件中，创建一个函数，用以下公式计算货币的未来价值：

$$future\_value = present\_value \times (1 + rate)^{periods}$$

然后使用此公式以 10% 的利率计算 1000 美元在 5 年后的价值。现在，用 10 分钟来完成这个挑战。

4.2.8　函数挑战的答案（三）

创建一个名为 finance_functions.py 的新文件，并定义一个新函数：

```
def future_value():
```

现在，我们要决定函数应该有哪些输入以及输入的名称。要计算未来价值，我们需要以下 3 个信息。

(1) 当前价值，为整数或浮点数（如 1000 或 10.58）。

(2) 投资回报率，必须是一个浮点数（如 0.1），因为 Python 没有内置的百分比数据类型。

(3) 投资期限，为整数（如 5）。

我们分别将它们命名为 present_value、rate 和 periods：

```
def future_value(present_value, rate, periods):
```

函数的输出是未来价值，可以使用以下代码进行计算：

```
present_value * (1 + rate) ** periods
```

Python 使用**表示指数。综上所述，我们可以得到以下代码：

```
def future_value(present_value, rate, periods):
    return present_value * (1 + rate) ** periods
```

现在，在文件中添加下列代码进行测试：

```
print(future_value(1000, .1, 5))
```

然后运行该文件：

```
% python finance_functions.py
1610.5100000000004
```

如果你想知道.5100000000004 是怎么回事，请阅读下面的"浮点算术"。

浮点算术

当你用 Python 处理数学问题时，有时会得到奇怪的结果：

```
>>> .1 * .1
0.010000000000000002
>>> (.1 + .1 + .1) == .3
False
```

这里发生了什么呢？计算机存储浮点数的方式可能会导致一些奇怪的错误发生。以数值 0.125 为例，我们在大多数情况下是基于十进制进行计算，换句话说，我们会将 0.125 看作 $1/10 + 2/100 + 5/1000 + 0/10000 + \cdots$。（还记得我们在数学课上学习的十位、百位和千位吗？）

计算机是基于二进制进行计算。换句话说，计算机会将 0.125 视为 $0/2 + 0/4 + 1/8 + 0/16 + \cdots$。问题在于，大多数分数实际上无法通过二进制表示，它们只是近似值。

这可能看起来非常奇怪，但在十进制中也存在同样的问题。例如，1/3 无法用十进制表示。我们可以用 0.3、0.33 或 0.3333 逼近 1/3，但无法以十进制准确表示 1/3。

为了解决上述问题，Python 会先尽可能地接近实际值，然后再截取某一位之后的所有精度（在 Python 3 中，最多保留 17 位）。但是有时候在近似值中会留下一些意想不到的小数，因此你会看到类似于 0.010000000000000002 的结果。

令人惊讶的是，所有计算机（不仅仅是 Python 这门语言）都存在这个问题，因为它们都必须在二进制中进行数学运算（归根结底，所有计算机都只能识别 0 和 1）。一种处理方法是进一步四舍五入：

```
>>> round(.1 + .1 + .1, 15) == round(.3, 15)
```

你可能只需要精确到前 10 位数，甚至银行也不得不决定他们想要计算多少位小数的利息。你知道 NASA（美国国家航空航天局）向太空发射火箭时只使用了大约 15 位数的 π 吗？如果 NASA 可以接受，那么我们也可以。有关此问题的更多信息，请查看 Python 官方文档中的"浮点算术：争议和限制"。

在这里，一种简单的解决方案是在返回值之前使用 round() 函数将结果四舍五入保留两位小数：

```
def future_value(present_value, rate, periods):
    return round(present_value * (1 + rate) ** periods, 2)
...
```

现在我们得到了一个更合理的结果：

```
% python finance_functions.py
1610.51
```

这里我们看到了函数的另一个优势。想象一下，我们的代码中需要计算很多未来值，但我们没有将其变成一个函数。一旦发现了浮点算术问题并决定修复它，我们就不得不在很多地方更新代码。我们可能会漏掉其中一个而导致代码错误。如果将其变成一个函数，那么只需要进行一次更新。

4.2.9 函数易错点：不使用 return

我们经常会看到初学者在函数内部直接输出结果。例如，在 finance_functions.py 中，可以这样写：

```
def future_value(present_value, rate, periods):
    print(round(present_value * (1 + rate) ** periods, 2))

future_value(1000, .1, 5)
```

运行代码时，命令行中会显示正确的结果：

```
% python finance_functions.py
1610.51
```

你可能会认为："太棒了！我节省了一个步骤！"但事实证明，这是一个不好的做法。当你想将函数的输出保存到变量中时，这样做就会出问题：

```
def future_value(present_value, rate, periods):
    print(round(present_value * (1 + rate) ** periods, 2))

balance = future_value(1000, .1, 5)
print(f"Your account balance is: {balance}")
```

此时 balance 的值会是什么呢？请自行检查：

```
% python finance_functions.py
1610.51
Your account balance is: None
```

在这里，当函数没有返回值时，它就没有输出。虽然你进行了计算并将未来值输出到了命令行中，但是当你尝试将函数的输出赋值给 balance 变量时，Python 会将其值设置为 None。

当你尝试对一个值为 None 的变量进行操作时，问题会变得更严重，例如：

```
...
balance = future_value(1000, .1, 5)
print(balance * 100)
```

这将产生以下错误：

```
% python finance_functions.py
1610.51
Traceback (most recent call last):
    File "finance_functions.py", line 6, in <module>
        print(balance * 100)
TypeError: unsupported operand type(s) for *: 'NoneType' and 'int'
```

在这里 Python 告诉你 "TypeError: unsupported operand type(s) for *: 'NoneType' and 'int'"，即你试图将 None 和一个整数相乘，Python 不知道该如何处理。如果你得到一个错误消息，其中包含了 NoneType 这个关键字，那么它通常总是意味着你的函数没有返回值，而导致一个变量的值为 None。

几乎所有的函数都应该返回一些东西。有趣的是，我们一直在使用的一个函数不返回任何东西。你能猜到它是什么吗？答案是 print() 函数，它不需要返回任何东西，因为它执行了一项非常具体的操作（将一些东西输出到命令行），所以将其输出保存到一个变量中是没有意义的。

4.2.10 函数易错点：没有获取输入

另一个常见的错误是在函数内部使用 input() 来直接获取输入：

```
def future_value():
    present_value = float(input("What's the present value? "))
    rate = float(input("What's the rate of return? "))
    periods = int(input("Over how many periods? "))
    return round(present_value * (1 + rate) ** periods, 2)

print(future_value())
```

我们注意到这个函数不再需要显式的参数。运行这个函数将产生以下输出：

```
% python finance_functions.py
What's the present value? 1000
What's the rate of return? .1
Over how many periods? 5
1610.51
```

这里的问题在于只能通过命令行获取输入。如果不是通过命令行直接获取输入（比如输入存储在我们的数据库中），那该怎么办呢？我们将不得不创建另一个函数。如果修改这个函数，则会间接导致其他代码的修改。

如果确实想要直接读取命令行的用户输入，那么最好在函数外获取输入，然后将这些变量作为输入传递到函数中：

```
def future_value(present_value, rate, periods):
    return round(present_value * (1 + rate) ** periods, 2)

present_value = float(input("What's the present value? "))
rate = float(input("What's the rate of return? "))
periods = int(input("How many periods? "))
print(future_value(present_value, rate, periods))
```

作为经验法则，函数不应该过于严格限制输入的来源或输出的处理方式。

4.2.11 函数的参数

正如我们之前提到的，将参数传递给函数时，可以为其打上标签：

```
def future_value(present_value, rate, periods):
    return round(present_value * (1 + rate) ** periods, 2)
print(future_value(present_value=1000, rate=.1, periods=5))
```

这可以帮助 Python 明确每个函数的实际输入是什么。它还允许我们重新排列函数参数：

```
...
print(future_value(rate=.1, present_value=1000, periods=5))
```

更重要的是，在函数参数具有**默认值**的情况下，为参数打标签是非常有必要的。当我们定义一个函数时，可以给其中一个参数指定默认值：

```
def future_value(present_value, rate, periods=1):
    return round(present_value * (1 + rate) ** periods, 2)
```

请注意此处的 periods=1，这意味着在运行函数时，可以省略此参数：

```
...
print(future_value(1000, .1))
```

此处的 present_value 将被设置为 1000，rate 将被设置为 .1（我们显式地传递了这些值）。但 periods 将为 1（这是它的默认值）。

迄今为止，我们使用的许多函数实际上有可选参数（设置了默认值的参数），可以通过阅读对应的文档进一步了解。例如，print() 函数的官方文档（网页版）中提到了几个可选参数，包括 sep=' '（sep 是分隔符的缩写）。换句话说，print() 函数接受的默认分隔符是空格。但是，我们可以覆盖 sep 的值。这意味着，如果我们愿意，则可以做像下面这样奇怪的事情：

```
% python
>>> print("Dollar", "dollar", "bills", "y'all", sep='$')
Dollar$dollar$bills$y'all
```

由于 print() 函数有多个带有默认值的参数，因此如果我们想覆盖其中一个参数，那么就必须显式地传递参数名称（如 sep='$'）。我们将要介绍的很多函数，特别是数据分析相关的函数，具有可选参数。了解这些函数的最佳方法是阅读官方文档。

截至本书撰写之时，print() 函数的官方文档如下所示：

```
print(*objects, sep=' ', end='\n', file=sys.stdout, flush=False)
```

　　　　将对象输出到文本流文件中，由 sep 分隔，以 end 结尾。sep、end、file 和 flush 如果存在，则必须作为关键字参数给出。

　　　　所有非关键字参数都将转换为字符串，就像 str() 一样，并写入流中。流中的内容由 sep 分隔，以 end 结尾。sep 和 end 都必须是字符串。它们也可以是 None，这意味着使用默认值。如果未给出任何对象，则 print() 只会写入 end。

　　　　……

阅读和理解文档并不总是那么容易，但是早点儿接触文档对学习还是很有帮助的。在这里，*objects 参数允许 print() 函数接收任意数量的输入参数。我们可以修改以下 4 个可选参数：sep、end、file 和 flush。

未来，当我们介绍新函数时，请尝试查阅相关文档并了解可能的不同函数参数。如果这样做，你的 Python 知识将呈指数级增长。

4.3 导入 Python 包

在 Python 基础知识中，最后一个重要的内容是导入 Python 包。包（有时在 Python 中也被称为**库**或**模块** [5]）是一个通用术语，用于描述一堆被设计成在多个不同的脚本或应用程序中都能使用的代码。Python 的一个优点是它有很多内置包，这些包能轻松加载到任何 Python 文件中。同时，Python 包索引网站上还提供了超过 10 万个在线 Python 包，当内置包不够用时，可以尝试使用在线包。

Python 最大的优势之一是该语言中有大量可用的各种包。我们可以导入这些包来做几乎任何我们想用代码做的事情。兰道尔·门罗（Randall Munroe）有一个热门的网络科普漫画系列，叫作 *xkcd*，其中漫画版 "Python" 很好地说明了这一点（参见下图）。

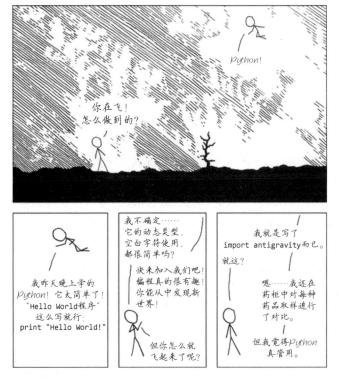

你不明白也没关系，本来也没那么好笑。但它说明了一个看似神奇的事实，即与其他编程语言相比，Python 可以让你轻松地添加一些非常神奇的功能。[6]

happy_hour.py 中的代码如下所示：

```
import random
...
```

```
random_bar = random.choice(bars)
random_person = random.choice(people)
...
```

用语句 import random 加载 random 包后，就可以使用包中的 choice()函数了。导入一个包，然后使用该包中的一个函数的一般语法格式如下所示：

```
import package
package.function()
```

然而，如果运行这段代码，它将产生一个出错消息："ModuleNotFoundError: No module named 'package' error because a package named package doesn't actually exist."

为了探究这是怎么回事儿，让我们创建一个名为 importing.py 的新文件，并添加以下代码：

```
import statistics

print(statistics.mean([90, 85, 74]))
print(statistics.mean([12.99, 9.99, 5.49, 7.50]))
```

运行这个文件将得到如下结果：

```
% python importing.py
83
8.9925
```

还记得我们创建 average()函数那个时候吗？你会惊讶于听说 Python 的 statistics 包（用于统计数据的包）附带了一个用于计算平均值的函数 mean()。该包包含一大堆与统计相关的有用函数，包括 median()、mode()、stdev()、variance()等。在文件最前面导入包后，我们可以通过在函数名前面加前缀的方式来访问该包中包含的所有函数。前缀是包名，后面跟一个点号，比如 statistics.mean()。

如果厌倦了每次都要输入整个包名，则可以用 as 来为包定义一个更短的别名，示例如下：

```
import statistics as st
print(st.mean([1, 2, 3]))
print(st.mean([12, 87, 10.5]))
```

我们偶尔在阅读一些做数据分析的包（如 pandas，后面会介绍）的文档时会看到这种用法。最后，如果知道具体要使用包中的哪个函数，则可以使用 from 和 import 来指定导入的函数：

```
from statistics import mean

print(mean([1, 2, 3]))
print(mean([12, 87, 10.5]))
```

注意，不必在 from statistics import mean 语句后面加括号。这种用法允许我们在 importing.py 中直接调用函数，而不必每次都用包名做前缀。这里就不深入探讨这样做比导入整个包更好的其他原因了，但这种用法需要我们提前知道要使用哪些函数。

4.3.1 Python 标准库

Python 附带的一组内置包统称为 **Python 标准库**。稍后我们将展示如何从网上轻松下载和导入其他包。如果你是按照我们的说明使用 Anaconda 安装的 Python，你会发现它已经预装了很多流行的软件包，这样就不必单独下载了。

如果你在网上搜索"Python 标准库"，你会发现搜索结果页罗列了一大堆软件包，比如 random、math、statistics 等。有很多包你可能永远用不上，所以你在合适的时候学习重要的包即可，不用提前学习所有可用的 Python 包。

我们已经在 happy_hour.py 文件中使用过 random 包，后面我们会更深入地研究它。在网上搜索"Python 标准库"后，你应该能够在结果页中找到并导航到 random 包的文档页面。（也可以搜索"Python random"并点击结果页中的超链接来进入 Python 3 的文档页面。）

在 random 包的文档中，你会读到更多关于我们曾经使用过的 choice()函数的信息，同时你也会发现一堆跟随机性有关的其他有趣的函数，列举如下。

- ❏ shuffle()：以随机的方式来清洗列表。
- ❏ sample()：对列表中的数值进行随机采样。
- ❏ random()：在 0 和 1 之间生成一个随机数，它和 Excel 中的 RAND()函数功能一样。
- ❏ uniform(a, b)：在指定的两个数之间生成一个随机数。

random 包中还有很多函数可用，我们只是想展示一下它们的共同点是都与随机性有关。

为什么不让所有标准包和函数在每个 Python 文件中都默认可用？为什么必须手动导入每一个包？这是因为包实在太多了。如果真的导入 Python 标准库中包含的所有包，那么每次程序启动时执行导入操作都会需要一些时间，这是完全没必要的开销。

试着打开 Python 交互模式并运行以下命令：

```
% python
>>> import this
```

你会在命令行中看到蒂姆·彼得斯（Tim Peters）留下的彩蛋——一首小诗 *The Zen of Python*，诗中的前两行如下所示：

```
Beautiful is better than ugly.
Explicit is better than implicit.
...
```

再试试下面的代码：

```
>>> import antigravity
```

如果运行 `import antigravity` 语句，那么你的网络浏览器会被打开并跳转到之前提及的漫画 *xkcd*。是不是很酷？这个网络漫画如此出名，以至于被内置到了 Python 中。

4.3.2　导入 Python 包挑战

浏览 Python 标准库的文档，从 `statistics` 包、`math` 包和 `datetime` 包中分别选择一个函数进行导入，并学习如何使用它们。为每一个函数加注释以解释它是如何工作的。现在花 10 分钟左右的时间做这件事情。（注意：我们不提供这个挑战的完成方案。）

4.3.3　下载和导入第三方包

除了 Python 附带的内置包，还有其他程序员编写的成千上万个**第三方包**。Python 有一个官方网站叫 PyPI，其他程序员在此上传他们自己编写的软件包供用户下载。Python 附带命令行命令 pip，这使得从网络上获取新的 Python 包变得非常容易。[7]

在这些包中有一个第三方软件包叫作 pandas。这个包可以帮助我们使用 Python 来读取 Excel 文件和 CSV 文件。尽管 pandas 包在技术上不是 Python 的一部分，但它非常受欢迎。我们用来安装 Python 的 Anaconda 安装程序也在安装时自动包含了这个包。如果你的系统中没有安装 pandas 包，那么可以用下面的命令行来安装：

```
% pip install pandas
```

这段代码将跳转到 PyPI 网站并将 pandas 包下载到我们计算机中的一个指定目录中，同一台计算机中的任何其他文件都能访问该目录，这样，只需下载一次 pandas 包，我们就可以在文件中使用它。请注意，`pip install` 只能在命令行中运行。

在第二部分中，我们将详细介绍 pandas 包，以及其他可用于 Python 数据分析的工具。Python 的这些第三方软件包都能在网上搜索到，并且大多数可以使用 pip 命令安装。

GitHub

在网上搜索 Python 软件包时，你通常会找到一个很受开发者欢迎的网站 GitHub，开发者会在这里上传代码并对如何使用第三方包提供说明。GitHub 还为开发者提供团队合作的功能（可以把它想象成你的代码的云存储空间）。

当探索第三方 Python 包时，有一个好办法是在 GitHub 上查找它，并查看是否有关于如何安装和使用这个包的清晰文档。有时候，对一个太新或者不那么流行的包，你可能找不到任何文档，从而很难弄清楚如何使用该包。随着软件包的开发，当它变得越来越流行，或者有更多的开发人员在开发它时，文档通常也会变得更完善。（例如，尝试在 GitHub 上搜索 pandas 包。）

当你决定在 Python 中使用第三方软件包来执行特定任务时，请查看其使用文档，看看是否有清晰的说明。在评估第三方软件包时，我们经常关注的另一个指标是它在 GitHub 上的星级。这可以帮助我们评估这个特定软件包的相对流行程度。

4.4　总结

本章深入探讨了函数以及如何使用它们。我们首先介绍了如何使用函数来重构代码，然后回顾了使用函数过程中可能出现的一些问题，比如使用过多/过少的函数参数或使用错误的函数参数。

最后，我们展示了如何使用 Python 的 import 语句从其他包中获取函数，这将使我们在本书第二部分讨论 Python 中的数据分析时，能够访问整个第三方工具世界。

4.5　第一部分结束

恭喜你能走到这一步！本书的第一部分已经结束。

我们已经集中学习了 Python 的基础知识，这样我们就能继续在本书的第二部分中讨论 Python 在解决业务问题方面的实际应用。希望你已经从学过的内容中找到了兴趣点，后面你学到的东西将更加实用。

我们将要讨论的所有内容都建立在本书第一部分介绍的概念之上。如果你需要快速复习一两个概念，那么可以翻回到前面的章节再看一下。

第二部分

欢迎来到本书第二部分。我是丹尼尔·格塔，下面我将介绍如何用 Python 做数据分析。既然你已经阅读到了这里，相信应该不需要我再跟你强调，即使对一个商务精英而言，具备数据分析的能力也是非常重要的。我想跟你分享我在帕兰提尔（Palantir）和亚马逊（Amazon）公司的一些个人经历，因为正是这些经历让我相信第二部分的内容应该是任何 MBA 课程中的必修核心部分。

早年我曾经分别在剑桥大学和麻省理工学院学习物理学和数学，后来移居纽约攻读运筹学（运筹学是一门将数据分析应用于管理和商务的方法论学科）方向的博士学位。之后我加入了亚马逊公司的供应链团队。在那里，我看到每天有成千上万个数据驱动决策的例子。这让我切身体会到了数据的强大力量并且为之着迷。因此之后我选择加入帕兰提尔，那是一家利用数据分析为个人和政府提供服务的公司。我的工作侧重于服务个人客户。我通过整合公司搜集到的来自世界各地各个行业的数据资源，针对客户的业务目标做数据分析，为客户的重要决策提供依据。在帕兰提尔，我慢慢从刚加入时的一名数据科学家变成了负责公司多个数据分析项目的团队负责人。

我会花很多时间与职业经理人交谈，他们通常是才华横溢的行业专家，很多人还有 MBA 学位。他们帮助我理解他们的业务，而我帮助他们编写数据分析代码，从数据中提取出有用信息以支撑决策。在这些工作经历中，我发现虽然帕兰提尔可以替客户做绝大部分的技术工作，但每当客户深入理解和参与我们做的数据分析工作时，我们的工作会增效良多。无论是什么行业，从药品到包装商品，到法律，再到金融行业，客户深度介入数据分析是我们项目成功的最强助力之一。

在当今这个日益以数据为驱动的世界中，分析数据的能力几乎已经成为精英人士的标配，而非稀缺技能。这在我与哥伦比亚大学的合作中，在我提供服务的几乎每家公司中得到了一次又一次的印证。即使你有专职数据分析师来为你处理数据，了解他们的工作内容和方法也可以让你问出更有针对性的问题，并更好地理解他们的分析结果。而有些分析更是需要你亲自尝试一下。在以往，精通 Excel 就够了。但是随着数据的规模越来越大以及数据越来越复杂，Excel 已经远远不够用了。

在本书的第二部分中，你可以看到 Python 是如何解决问题的。我们会以一家位于纽约市区的名为"迪格"的连锁餐厅为例来展示数据分析的力量和重要性。在这个例子中，你将看到如何使用第一部分介绍的 Python 基础知识对海量数据进行处理，最后找到思路并解决迪格餐厅的问题。

第二部分不包含独立的练习章节，我们会把练习融合到每一章中。段落中嵌入菱形符号（◆）是提醒你在看答案之前可以暂停一下，先进行思考。有些练习是概念类的，有些则可能需要你亲自动手编写代码。当然，我们欢迎各种类型的读者。如果你只是阅读本书，那么也可以在碰到菱形符号后不停顿而直接阅读答案，这样你就可以避免落入细节以使思路更流畅。但是，如果你的工作需要你自己做数据分析，或者你想要学习 Python 数据分析的技能，那么停下来思考并动手做一做还是非常有必要的。

我对数据分析充满热情。从海量数据中抽丝剥茧，做出影响业务的决定，是一件多么激动人心的事情啊！我期待向你展示如何使用 Python 这个工具来完成这个有意思的过程。

第 5 章

Python 数据分析简介

经过前面的学习，你应该已经掌握了 Python 的基础知识。本书的第二部分将介绍 Python 在业务中最重要的应用——数据分析。

你可能会问：用 Excel 来做数据分析已经很好了，为什么还要用 Python 呢？事实上，Python 具有以下优势。

(1) **大规模数据处理**。截至撰写本书时，最新版本的 Excel 最多能处理 1 048 576 行和 16 384 列的数据。事实上，当数据量远远小于这个规模时，Excel 就已经变得很慢了。但是在日常工作中，我们经常要处理比这更大的数据集（比如本书后文要用到的迪格数据集）。

(2) **稳健性**。当你的 Excel 表格变得很复杂时（特别是用 VLOOKUP 等公式组合不同数据集时），你很难对表格的内容有全面的了解。这是因为计算公式分布在 Excel 的各个角落，你需要花很多时间才能明白其中某个结果是怎么计算出来的。这种复杂度可能会带来灾难——有观点认为，让摩根大通损失数十亿美元的"伦敦鲸"事件是由 Excel 中的一个简单错误引起的。

(3) **自动化**。很多实际的商业场景需要自动化的数据分析，而这恰好是 Excel 的弱项。假设一个公司有上百个文件，其中每个文件都列出了一家商店的销售额。无论是运行上百次对单个文件的分析，还是以某种方式合并文件进行一次分析，在 Excel 中都非常困难。

(4) **集成**。在某些情况下，数据分析的需求是独立的——你拿到一个问题，然后用分析结果来回答问题。然而，很多情况下这个问题是一整套流程的一部分。Excel 通常不能成为操作框架的一部分，用 Excel 做出的分析也不太可能"嵌入"公司运营的其他部分。相比之下，Python 功能更强大，能够处理诸如运行网站、进行数据分析、运行公司的人事系统等多种任务。

Python 可以解决以上问题中的每一个，甚至更多。它可以快速高效地对大规模数据集执行可重复的、自动化的分析。本章将介绍 Python 是如何做到这些的。而且，更重要的是，我们可以教你如何用数据驱动的方式思考，即如何从识别业务问题开始，通过分析数据来找到答案。

5.1   本章内容简介

在本章中，你将学习 Python 数据处理的基本工具。本章首先会介绍 Jupyter Notebook，这是一种比命令行更好用的工具；然后会介绍 pandas（Python 中最流行的数据分析库之一），并展示如何使用 pandas 读写各种格式的文件。如果你迄今为止都是在用 Excel 处理数据，那么需要一些时间来适应这些工具。当你用这些工具解决实际的业务问题时，你会发现它们棒极了。最后，本章会介绍迪格餐厅，它是一家位于美国东海岸并准备扩张的连锁企业，后续的很多示例会基于此而展开。

学完本章内容之后，在第 6 章你就可以开始在迪格数据集上进行一些实际的、可执行的数据分析了。

5.2   准备工作

请先在你的计算机上创建一个名为 "Part 2" 的目录。在 Part 2 目录下，再创建两个子目录。

❑ 名为 "Chapter 5" 的子目录，用来保存本章的所有练习。

❑ 名为 "raw data" 的子目录，用来保存下载的原始数据。请从随书代码资料中找出下列文件并将其存储到 raw data 目录里。

> Students.xlsx
> Restaurants.csv
> Items.csv
> Simplified orders.zip
> Summarized orders.csv
> University.xlsx

总而言之，你现在应该有一个名为 "Part 2" 的目录，这个目录包含两个子目录：raw data，保存了上述需要下载的文件；Chapter 5，是一个空目录。

5.3   Jupyter Notebook 简介

在第一部分中，你已经学习了命令行编程。在这部分中，我们将使用一个名为 Jupyter Notebook 的工具进行编程。你很快就会发现，这个工具能够提供更多的便利。例如，它可以利用表格和图来可视化代码的输出。这是做数据分析时一个非常方便的功能。事实上，Jupyter Notebook 是目前为止在用 Python 做数据分析时使用最广泛的工具。

在 Jupyter Notebook 中，Python 代码需要在一个像网站页面一样的窗口中进行编辑，如下图所示。

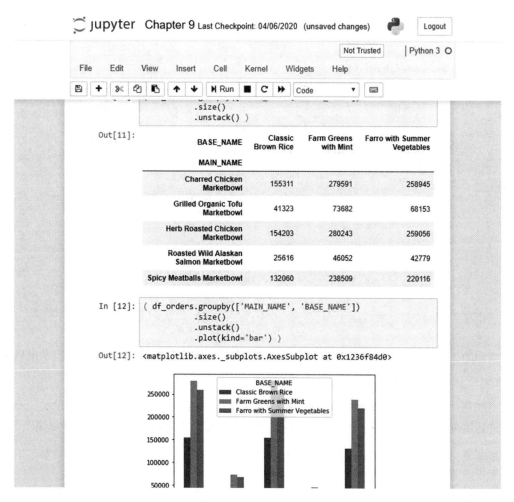

或许你已经发现了，这是一种非常友好的用户界面，它既可以更轻松地做异常复杂的分析，也可以直接将结果展示成丰富多彩的形式，比如表格和图。

5.3.1　打开 Jupyter Notebook

让我们先启动 Juypter Notebook。如 1.4 节所述，打开命令行工具（在 macOS 系统上是 Terminal，在 Windows 系统上是 Anaconda PowerShell Prompt），输入 jupyter notebook 并按 "Enter" 键，然后会出现下图所示的浏览器窗口。[1]

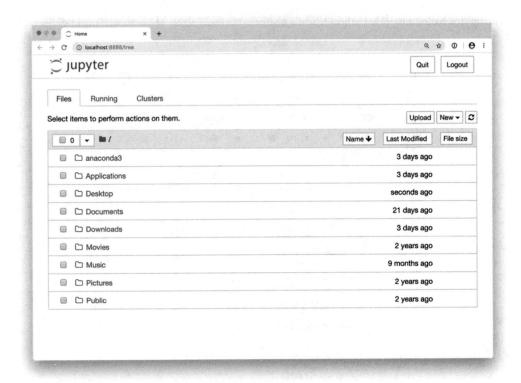

实际的目录可能与上图中所展示的有所不同。实际上，浏览器中展示的文件和目录正是你运行 `jupyter notebook` 命令时所在目录中的内容。

请注意，所有这些文件和目录都不在互联网上，你也没有将任何文件公开。Jupyter Notebook只不过是用浏览器作为界面来与计算机中的文件进行交互。稍后我们会对此进行详细说明。

接下来，进入你创建的目录 Part 2。在右上角点击"New"，并且选择"Python 3"（参见下图）。

浏览器会打开一个新的页面，并创建一个 Jupyter Notebook 文件，如下图所示。

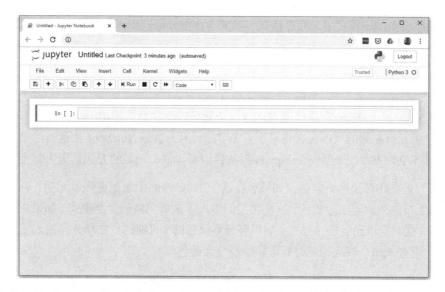

标签中显示"Untitled"（未命名）。如果返回上一个页面，你会看到一个名为 Untitled.ipynb 的文件已经被创建出来了。

现在，重命名这个文件，点击"Untitled"并将其替换为"My first notebook"。返回上一个页面，你会看到该文件已经被重命名。

5.3.2 代码单元格

Jupyter Notebook 由多个单元格组成。我们的 Notebook 目前只有一个单元格（左侧带有 In [ ] 的矩形），但稍后会添加更多。每个单元格可以在**编辑模式**或者**命令模式**下进行操作。你很快就会看到这两种模式的区别。

这些单元格的首要作用是存储代码。点击单元格内部进入编辑模式，然后在单元格中输入代码 1 + 1（参见下图）。

```
In [ ]: 1 + 1
```

输入完成后，可以按"Ctrl+Enter"快捷键让 Python 执行单元格中的代码，或者点击工具栏中的"Run"按钮。运行代码会发生 3 件事。

❑ 这段代码的输出（在本例中为 2，如下图所示）会直接显示在代码单元格下方。

❑ 文本 In[ ]会瞬间更改为 In [*]，然后再更改为 In [1]（如下图所示，速度非常快，你可能看不见）。前者表示该单元格正在运行，后者表示这是该 Notebook 中第一个运行的单元格。

❑ 单元格会由**编辑模式**进入**命令模式**（后面会详细介绍这个模式）。

```
In [1]: 1 + 1
Out[1]: 2
```

现在再次按"Ctrl+Enter"快捷键来运行该单元格。请注意，输出不会改变（因为代码没有改变），但是单元格左侧的文本现在将显示为 In [2]，因为这是 Notebook 中运行的第二个单元格（此数字永远不会回到 1，这也许是 Jupyter 提醒我们要珍惜每一刻的方式，因为时光无法倒流）。

到目前为止一切都很棒。但是，如果想在这个 Notebook 中添加更多单元格，该怎么办？首先要确保单元格左侧的竖条为蓝色，这证明我们进入了该单元格的命令模式。如果你遵循了上面的说明，那么这时应该已经是这样了。如果竖条是绿色的（可能你点击单元格进入了编辑模式），请按"Esc"键进入命令模式，此时竖条将重新变为蓝色。

在命令模式下可以使用很多命令。例如，输入字母 A 将在当前选定的单元格**上方**添加一个空白单元格，输入字母 B 将在当前选定的单元格**下方**添加一个空白单元格。

现在你已经创建了一些单元格，接下来可以进入编辑模式来编辑单元格。要进入编辑模式，只需点击单元格或在选中单元格时按"Enter"键（注意左侧的竖条会变为绿色）。同样，你可以使用方向键跳转到不同的单元格——按"Esc"键返回命令模式（左侧的竖条会变为蓝色）并使用方向键跳转。

要删除单元格，只需点击单元格，按"Esc"键进入命令模式，然后连续、快速地按两次"D"键。如果你想"撤销"删除操作，请在命令模式下按"Z"键。

理解 Jupyter Notebook 的关键是，Notebook 中的所有单元格运行在同一个 Python 工作空间（也称为 Python 内核）中。为了证明这一点，请在两个单元格中输入下图所示的代码。

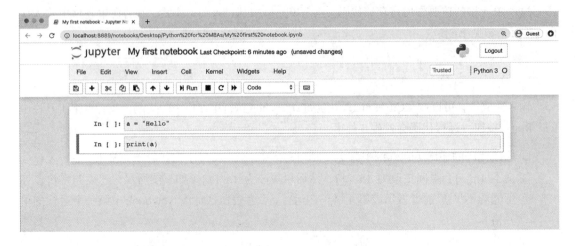

　　接下来，按顺序运行两个单元格。请注意，即使变量 a 是在第一个单元格中定义的，它仍可以在第二个单元格中被访问到。这使得 Jupyter Notebook 在进行长时间、多步分析时特别方便。如果你创建了一个完全独立的 Notebook，那么它将在另一个单独的内核中运行，这样你就可以同时运行不同的程序。

　　回想一下，我们一直在使用"Ctrl+Enter"快捷键来运行单元格，这会在运行单元格时保持其选中的状态。还有另外两种运行单元格的方法：按"Shift+Enter"快捷键将运行单元格并选中下方的单元格；按"Alt+Enter"快捷键将运行单元格并在刚运行的单元格下方创建一个空白单元格。对初学者来说，很难记住这么多方法，因此你可以只记住并使用其中一种。随着你对 Jupyter Notebook 越来越熟悉，其他两个快捷键也会派上用场。

内核和前端

　　与第一部分中直接在命令行工具中运行代码相比，在 Jupyter Notebook 中运行代码有什么不同呢？在命令行工具中运行代码时，所有操作都在一个地方进行——你在命令行工具中输入了 Python 命令，运行代码的 Python"引擎"（Python 内核）也存在于该命令行工具中。

　　对 Jupyter Notebook 而言，情况略有不同。在 5.3.1 节中，你是通过命令行工具打开 Jupyter Notebook 的。与第一部分类似，这个命令行工具会运行 Python 内核，并在你与浏览器交互时保持打开状态。但现在，你不是直接在命令行工具中，而是在浏览器的 Jupyter Notebook 界面中输入代码。每次你运行一个单元格，代码就会被发送到 Python 内核中，Python 内核会运行代码并将结果发送回浏览器界面供你查看。

　　初学者可能会对以下错误感到困惑：假设你在运行 Jupyter 时关闭了对应的命令行窗口，那么浏览器就会弹出下图所示的对话框。

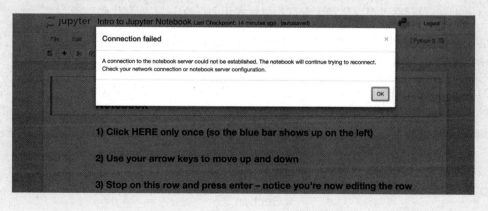

Jupyter 告诉你，它无法连接到 Python 内核，因为你刚刚关闭了它。现在，你无法在 Notebook 中运行任何代码，因为 Jupyter 无法连接 Python 内核并运行代码。如果发生这种情况，那么只需关闭所有窗口，并重新启动 Jupyter 即可。

你可能会想，为什么 Jupyter 要费力地将 Python 内核与你输入代码并查看结果的界面分开呢？这样做的一个好处与许多工业应用程序相关，因为它们所涉及的数据集和算法过于庞大和复杂，无法在普通的台式机或笔记本计算机上运行。相反，它们需要在大容量的云主机上运行。不幸的是，这些机器通常位于难以访问的数据中心。当你使用 Jupyter Notebook 时，Python 内核（负责运行所有计算）可以位于一个云主机上，而你实际输入代码的界面（不需要消耗太多资源）可以位于你自己的计算机上。就本书而言，我们不会用到这个功能，因为 Python 内核（运行在命令行窗口中）和界面（你的浏览器）可以同时位于你自己的计算机上。但是，如果你在公司的数据科学小组工作，那么很可能很快就会遇到这种复杂的配置。

5.3.3　Markdown 单元格

Jupyter Notebook 并非只能保存代码。创建一个新的单元格，按 "Esc" 键进入命令模式，然后按 "M" 键，这时单元格就会转换为 **Markdown 单元格**。你也可以通过在工具栏的 Code 下拉列表中选择 Markdown 来选择该单元格（参见下图）。

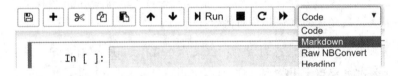

Markdown 单元格仅保存注释（有点儿像格式化的评论），不保存代码。

尝试在该单元格中输入一些文本，并按 "Ctrl+Enter" 快捷键运行。注意运行的结果会以不同的字体显示。这种方式可以为 Notebook 做注释。

Markdown 单元格不仅可以包含普通文本，还可以使用一种称为 Markdown 的语言来包含更丰富的格式化文本。返回到 Markdown 单元格中，输入文本# Chapter 5 并运行。在单元格开头使用#表示将文本格式化为一级标题，##代表二级标题，###代表三级标题，效果如下图所示。

Chapter 5

Section 5.5

Section 5.5.1

使用 Markdown 格式化文本的方式还有很多，但它们超出了本书的范畴。在网上搜索 Markdown cheatsheet 应该能找到相关资源。

5.3.4 ipynb 文件

Notebook 的内容保存在 ipynb 文件中，如果你关闭 Notebook 并将其发送给其他人，那么他们将能够打开并立即看到你上次运行文件时所有代码的结果。

这是一个非常方便的功能，但对第一次使用 Notebook 的人来说会感到困惑。

为了理解其中的原因，请将 Notebook 恢复到有两个单元格的状态（一个单元格包含 a = "Hello"，另一个单元格包含 print(a)），并依次运行这两个单元格——一切应该正常工作。

现在，点击"File" > "Save and Checkpoint"或按"Command（macOS 系统）/Ctrl（Windows 系统）+ S"快捷键来保存 Notebook。然后，关闭页面并返回到目录列表。你会看到，在目录列表中出现了与此 Notebook 对应的文件，其旁边会有一个绿色的图书图标。这意味着与此 Notebook 对应的 Python 内核仍在后台运行。如果点击 Notebook 并重新进入，一切都将与关闭 Notebook 之前一样。

有趣的地方在于，当你重新启动 Python 内核时，事情会变得不一样。请返回目录列表，选中"Files"选项卡中文件左侧的复选框，然后点击顶部附近的"Shutdown"按钮。这将告诉 Jupyter 你要完全关闭此 Notebook 底层的 Python 内核。这相当于完全关闭控制台，并清除 Python 存储在内存中的所有变量。

现在，重新打开 Notebook。你可能认为它是一个空白的 Notebook，但有趣的是，你会发现 print 语句先前的输出仍然存在。Jupyter 已将该输出保存在 ipynb 文件中。它这样做的原因很简单：有时你会想关闭 Notebook 并将分析结果分享给同事，即使你的同事没有底层 Python 内核，Jupyter 也能帮他们看到输出。

这样做的缺点是，它会让你误以为内核仍在运行，而实际上并非如此。为了证明这一点，请**不要**运行第 1 行，直接运行第 2 行 print(a)即可。你应该会看到以下错误：

```
--------------------------------------------------------
NameError
Traceback (most recent call last)
<ipython-input-1-f04e0af0ace6> in <module>
----> 1 print(a)

NameError: name 'a' is not defined
```

因为第 1 行还未运行，所以变量 a 在这个特定的 Python 内核中还没有被创建。因此，当 Python 尝试输出变量时，它无法找到该变量，从而导致出错。

如果你遇到了这个错误，一种简单的解决方法是从头到尾运行整个 Notebook，以根据需要重新创建变量。最简单的方式是点击 "Kernel" > "Restart & Run All"，并确认你想要重启内核。

你可能会在某些时候忘记这一点，并收到一个 NameError，告诉你某些变量尚未定义。请记住，在这种情况下，只需点击 "Restart & Run All"，就能帮你省去很多麻烦。

Jupyter Notebook 还有一个功能非常有用，5.5.5 节会详细介绍。

迪格案例分析：从直觉到数据驱动

我们已经介绍了 Jupyter Notebook 的基础知识，你可以开始使用 Python 处理数据了。许多人在介绍数据分析时只使用小数据集，并侧重于 Python 操作，而不是在更广泛的商业背景中应用 Python。在本书中，我们想采用不同的方式。正如前面所提到的那样，在第二部分中，我们的目标是教会你以数据驱动的方式思考，因此我们需要实际的商业案例和更复杂的数据集来帮助你实现这个目标。

出于这些原因，我们将基于迪格餐厅进行案例分析。迪格是一家在纽约拥有门店并准备扩张的连锁餐厅。本节的其余部分会讲述迪格的故事，并介绍迪格业务的方方面面，这将是接下来的数据分析（尤其是第 9 章）的基础。如果你迫不及待地想要深入了解本书的其余部分，那么可以稍后再阅读这个故事，现在直接跳到 5.4 节，在那里我们将介绍要使用的数据。

介绍

本案例研究基于与谢林·阿斯马特（Shereen Asmat）、莫莉·费舍尔（Molly Fisher）和迪格领导团队的交谈。为了保护迪格的专有信息，迪格公司的细节、运营和数据均为虚构。

本案例最初于 2019 年由哥伦比亚大学的哥伦比亚案例研究中心发布，案例编号为 200202，标题为"从直觉到数据驱动的分析：迪格的案例"，作者为丹尼尔·格塔，已获得使用许可。

迪格（前身为迪格小馆）已经建立了一个成功的概念：菜单中的蔬菜直接从农场采购，以实惠的价格提供每一餐，熟练的厨师团队在现场准备所有东西（从烤鸡到烤甜薯）。每天，迪格餐厅外面都会排起长队。但幸运的是，训练有素的员工能够快速地让队伍前进。截至本书撰写时，迪格在纽约市、拉伊布鲁克和波士顿拥有近 30 家餐厅，并得到了可靠的风险投资，它已经为扩张做好了准备。

迪格成立于 2011 年，在其管理团队的带领下，从一家单一的餐厅发展成一个覆盖多个城市的品牌。这种演变不仅涉及迪格菜单的重大变化，还涉及其运营方面的重大变化，例如，通过手机外卖小程序提供产品、推出餐饮服务，在某些情况下开发专用于外卖的菜单。迪格在发展中不断收集有关其运营和管理各个方面的数据，但重点是完善产品和打造迪格的品牌定位。使用数据进行的分析通常是一次性的，需要煞费苦心地将不同的数据集拼凑在一起以回答特定问题，而非依赖更强大的系统和报告工具，比如仪表盘。

在 2019 年 6 月，当迪格准备进一步扩张时，管理团队意识到他们需要更加依赖数据做出决策。随着新餐厅的开业，由于每家餐厅的情况都不同，依靠管理层的直觉来做决定变得越来越不可持续。数据和产品运营高级经理谢林·阿斯马特及其团队面临的首要挑战是如何支持迪格在新城市的扩张。她意识到，随着迪格餐厅的足迹和客户群的扩大，供应链的每个部分都应给予重点关注。

阿斯马特说："我们希望以最佳方式建立我们的供应链网络。随着迪格的发展，我们将面临日益增加的复杂性，包括需求的差异、可以订购多少本地农产品和肉类、劳动力的供应、美国劳动法的变化等因素，这些因素将对我们的业务产生影响。我们团队的工作是解锁数据中的有用信息，以应对这些日益增长的挑战。"

从庞普能量食品到迪格小馆

迪格的创始人亚当·埃斯金（Adam Eskin）从布朗大学毕业后，曾在位于康涅狄格州格林尼治的一家私募股权公司维克斯福德资本（Wexford Capital）工作。在负责寻找商业概念时，他发现了由史蒂夫（Steve）和埃琳娜·卡佩洛尼斯（Elena Kapelonis）于 1997 年创立的曼哈顿连锁餐厅——庞普能量食品（简称"庞普"）。庞普面向健身爱好者推出高蛋白食品，其菜单包括蛋白鸡蛋饼、沙拉等。作为维克斯福德资本的一名职员，埃斯金说服公司购买了庞普的大部分股权，并于 2006 年 12 月开始负责投资。他立即成立了一个办公室，并聘请了一位品牌专家来更新庞普的 Logo、网站和餐厅的外观。

为了降低复杂性，埃斯金将庞普的菜单从 150 个品类精减为只包含精选的健康食品。在接下来的 4 年里，他继续跟进庞普的改变，并看到了一个重大的转型机会。

他回忆道："我很快意识到一个尚未被开发的市场，就是我个人喜欢的吃法——每天食用新鲜的以蔬菜为主的食物。因此在 2011 年，我将业务重新定位为迪格小馆，推出了全新的菜单，将重点放在本地应季的平价农产品上。"

埃斯金指出，尽管庞普的高蛋白、低脂肪食品吸引了健身人群，但人们普遍认为这些健康食品对更广泛的人群来说"口感较差"。他的主要观点是健康食品也可以美味可口，比如用新鲜牛至和红酒醋烩牛肉、切碎的红甘蓝配芥菜籽和意大利欧芹、苹果炖瑞士甜菜配核桃等菜肴都既营养又美味。"人们喜欢更丰富的口味——吃饭是所有人都可以享受的事情。"埃斯金说。

客户对庞普更名为迪格的反响非常好。"到目前为止，反响非常好，"埃斯金说，"在过去的 10 年里，人们对食物与健康之间关系的了解越来越多，尤其是当涉及他们吃的食物来自哪里以及是如何制作的时，他们似乎真的很欣赏我们的工作……美食哲学。"

迪格的商业模式：以实惠的价格提供美味的本地食品

休闲快餐是介于传统正餐和普通快餐之间的一种餐饮模式。休闲快餐行业规模虽小，但增长迅速。这种快餐餐厅通常在柜台点餐，其装饰、服务和菜单都比麦当劳或汉堡王等快餐店高档。事实上，与传统快餐相比，该细分市场中有相当一部分人专注于更健康的食材，而普通快餐消费者正在寻找更健康的选择。正因如此，典型的休闲快餐每份的价格为 12 美元，是快餐平均价格（5 美元）的两倍多。目前该行业规模仍很小，在 2016 年的 7800 亿美元餐厅销售额中只占 7.7%，但它的增长速度非常快。在 2018 年，美国前 500 家连锁餐厅集团中，休闲快餐连锁店创造了 422 亿美元的收入，比上一年增长了 8%。

乍一看，迪格与休闲快餐中的许多餐厅相似，但它们有一些关键的不同之处。阿斯马特表示："我们不认为自己是休闲快餐连锁餐厅。"事实上，迪格的理念与其他休闲快餐餐厅有所不同。该公司专注于有意识的采购——这是一个侧重于与小型和少数族裔拥有的农场建立真正关系，签订公平的合同并帮助这些农民持续发展的过程。

埃斯金描述了一个早期的挑战："我们最初的挑战之一是弄清楚要在我们的菜单上提供哪些菜品、我们的客户想要什么，以及哪些菜品符合我们的特色。我们尝试过果汁、奶昔、汤和三明治。经过多轮试错之后，我们推出了符合迪格特色的菜：自由选择有营养的主食和配菜，而且比沙拉更有营养。我们想提供像家常饭菜一样的食品——区别只在于由我们的厨师制作！"

为了确保公司在提供有吸引力的菜单的同时忠于它的使命，迪格聘请了首席烹饪官马特·温加滕（Matt Weingarten）。他设计了菜单（包括主菜和配菜），并决定将其菜品的价格定在 10 美元左右。图 1 是 2019 年 9 月迪格的菜单。在这个价位上保持盈利是一个挑战，它需要一个精细调整的供应链，其中包括从本地农场获取食材、加工食品、餐厅烹制、提供给顾客等环节。

供应链：从农民到厨师再到消费者

供应链的开端是为迪格供应农产品的本地农民。通常迪格与这些农民合作的方式是定期与他们制订年度需求计划，并按照季节采购。这使得公司能够培养合作伙伴并在采购产品的方式上尽可能高效。每天，农民和合作伙伴将农产品运送到迪格的供应中心，然后再送到餐厅。迪格估计，从采摘到冷藏再到运送到迪格餐厅并由厨师团队准备，可能只需要 3 天时间。2019 年，迪格计划从 130 多位农民、合作伙伴和牧场主那里购买约 408 万千克的蔬菜，其中迪格农场——"迪格英亩会"提供约 4.5 万千克。

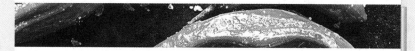

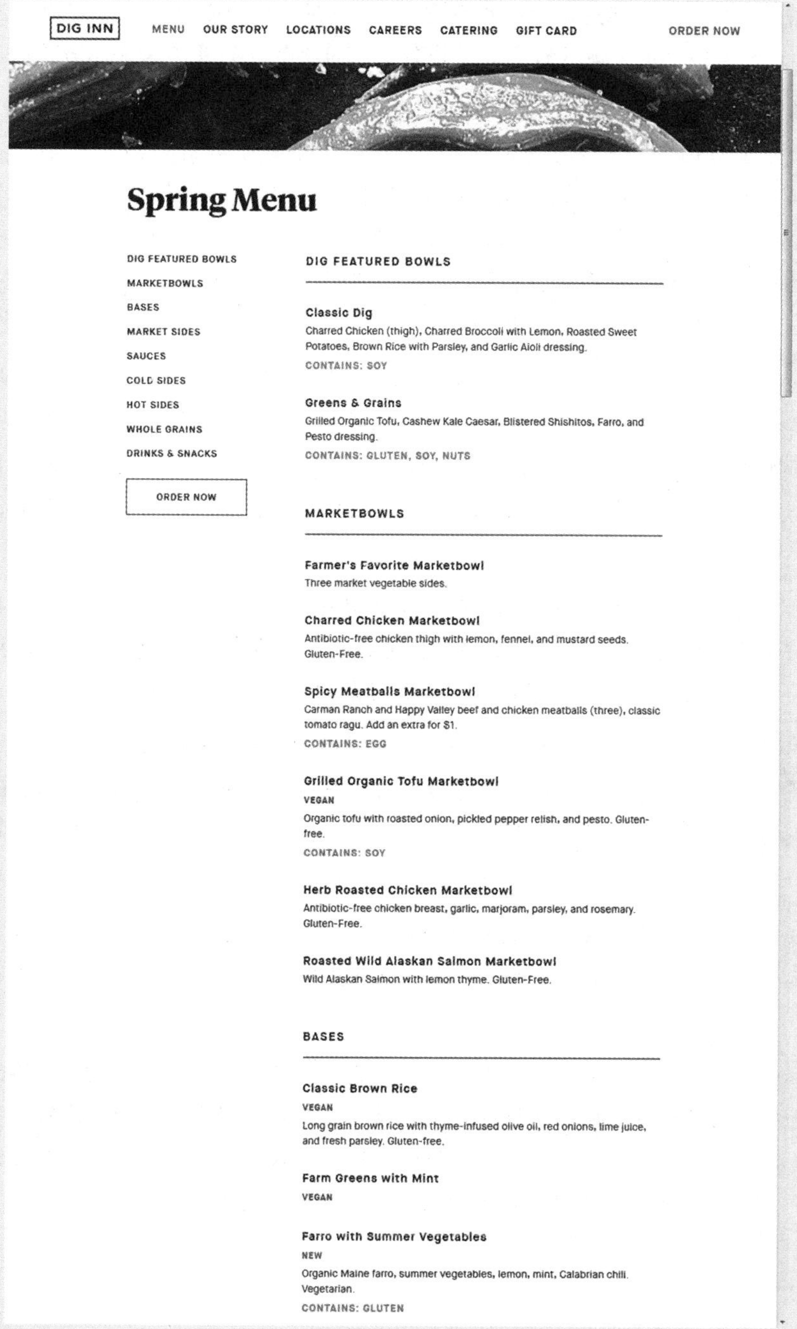

DIG INN
MENU
OUR STORY
LOCATIONS
CAREERS
CATERING
GIFT CARD
ORDER NOW
Spring Menu
DIG FEATURED BOWLS
MARKETBOWLS
BASES
MARKET SIDES
SAUCES
COLD SIDES
HOT SIDES
WHOLE GRAINS
DRINKS & SNACKS
ORDER NOW
DIG FEATURED BOWLS
Classic Dig
Charred Chicken (thigh), Charred Broccoli with Lemon, Roasted Sweet Potatoes, Brown Rice with Parsley, and Garlic Aioli dressing.
CONTAINS: SOY
Greens & Grains
Grilled Organic Tofu, Cashew Kale Caesar, Blistered Shishitos, Farro, and Pesto dressing.
CONTAINS: GLUTEN, SOY, NUTS
MARKETBOWLS
Farmer's Favorite Marketbowl
Three market vegetable sides.
Charred Chicken Marketbowl
Antibiotic-free chicken thigh with lemon, fennel, and mustard seeds. Gluten-Free.
Spicy Meatballs Marketbowl
Carman Ranch and Happy Valley beef and chicken meatballs (three), classic tomato ragu. Add an extra for $1.
CONTAINS: EGG
Grilled Organic Tofu Marketbowl
VEGAN
Organic tofu with roasted onion, pickled pepper relish, and pesto. Gluten-free.
CONTAINS: SOY
Herb Roasted Chicken Marketbowl
Antibiotic-free chicken breast, garlic, marjoram, parsley, and rosemary. Gluten-Free.
Roasted Wild Alaskan Salmon Marketbowl
Wild Alaskan Salmon with lemon thyme. Gluten-Free.
BASES
Classic Brown Rice
VEGAN
Long grain brown rice with thyme-infused olive oil, red onions, lime juice, and fresh parsley. Gluten-free.
Farm Greens with Mint
VEGAN
Farro with Summer Vegetables
NEW
Organic Maine farro, summer vegetables, lemon, mint, Calabrian chili. Vegetarian.
CONTAINS: GLUTEN

图 1　迪格餐厅 2019 年 9 月的菜单

迪格供应链的一个关键是其能够培养它的合作伙伴,以便在每个季节可用的原材料中平衡顾客的需求和口味。掌握顾客的喜好并将其转化为季节性的菜单需要相当强的能力。用亚当·埃斯金的话说:

> 我们的厨师在使用季节性的产品时面临一个挑战。在我们的餐厅里,没有一种统一的烹饪方法——我们的厨师必须根据他们拿到的原材料调整菜单。这就需要更多的时间来培训厨师,尤其是从未学习过专业烹饪的实习厨师。我们意识到了这个挑战,并致力于培训我们的学员,培训内容包括刀工课、参观迪格农场等。我们这样做不仅是为了保证食物的质量,也是为了帮助团队成员的职业发展。

在食材准备方面,迪格也采用了不同的方法。"所有的食物都是在餐厅里烹制的,每个迪格的员工都会接受食材准备的培训,并特别注重刀工。"阿斯马特指出。这意味着每个员工都可以在需要时协助准备食材。"对我们来说,每个员工都有这样的经验很重要,但这也意味着我们需要比竞争对手更加慎重地招聘。比起在普通快餐店工作,在迪格工作需要更多的技能。"

在餐厅现场准备每一道菜极大地增加了人员配置的难度。实际上,迪格不仅要确保每家餐厅有足够的员工为顾客提供服务,还要安排足够的员工准备食材。考虑到迪格的需求多变,并与时间、季节、天气、当地事件和许多其他因素相关,这项任务的难度很大。

员工配置并不是迪格餐厅食物至上理念的唯一体现。每家迪格餐厅都设计独特,餐厅空间的很大一部分经过精心设计,以确保可以准备、储存和供应新鲜食物。制作好的食品会被分装到大钢碗中,放在一个长柜台后面的架子上,这样的设计可以很好地展示这些食品,进而高效地为顾客提供服务。

迪格的大多数订单是套餐,包括一个底菜(三选一)、两个配菜(约八选二)和一个主菜(约六选一),但顾客也可以单独订购任何一个菜品。除此之外,迪格还销售各种饮料和小吃。

下单和配送是迪格供应链中的最后一个关键环节。正如之前所描述的,迪格的大部分订单是在现场完成的,但迪格很快意识到外卖订单也可以产生很大的价值。迪格提供 3 种外卖选项:一是顾客可以通过应用程序下单,并稍后到店内取餐;二是顾客通过应用程序下单后可以要求送货上门;此外,迪格还特意为大订单准备了一份聚会菜单。

最初，这些模式在很大程度上依赖于迪格现有的店内配套设施。迪格与第三方服务公司合作，让顾客可以使用第三方服务来下单。这个模式很快就获得了成功。开业 7 年后，在东 52 街餐厅中，不少于 30% 的销售额来自外卖订单。然而，还存在一些问题：在顾客选择食物时，大约有 1500 种组合，这很容易出错。外卖一旦被送出，就无法纠正订单的错误。温度也是一个问题：顾客在店内可以直接趁热吃，而外卖在食用前可能需要 15~60 分钟的配送时间。

随着迪格休闲快餐业务的飞速发展，团队渴望继续创新并进一步提升客户的体验。他们在详细研究客户反馈和行业趋势后发现，外卖是下一个增长点。美国在线食品配送行业的销售额在 2018 年达到了 846 亿美元。但迪格的调查表明，顾客的外卖体验并不好，比如外卖菜品的口感会变软、经常发生无任何理由的配送延迟等。为了解决这些问题，迪格在 2019 年推出了"房间服务"（Room Service）的测试版——一个全新的、重新定义的外卖服务，具有全新的菜单和平台，专门为外卖而建立和优化。

在 2019 年 4 月，埃斯金和他的团队希望将迪格的业务扩展到已有的 3 个城市以外。他们计划再开设 24 家店铺，并投资 2000 万美元，其中 1500 万美元来自丹尼·迈耶（Danny Meyer）的"启蒙餐饮投资"（Enlightened Hospitality Investments）股权基金。此前，迪格曾在 D 轮融资中筹集了 3000 万美元，由会标资本（Monogram Capital）合伙人阿瓦特（Avalt）和 OSI 餐厅合伙人（OSI Restaurant Partners）前 CEO 比尔·艾伦（Bill Allen）参与投资。

作为扩张战略的一部分，迪格团队希望确保了解供应链的每个部分。例如，进入费城等新市场需要建立一个新供应链，包括与本地农民合作、寻找店址、雇用员工、设计菜单、制订工作计划等环节。

数据驱动的转变

扩张计划尽管令人兴奋，但也会带来一系列挑战。直觉、技能和经验是强大的工具，不幸的是，它们也有缺点：无法扩展。

阿斯马特说："我们过去一直采取谨慎的增长策略。当餐厅只在纽约时，我们能够在食品和文化方面保持一致性。在波士顿的落地是我们在纽约之外的第一次尝试。我们需要找到能够代表这个品牌的本地领导层。我们还需要在保持一贯承诺的同时，减少对地理位置的依赖。"

开了更多的餐厅后，迪格发现很难依靠直觉做出每个决策。迪格不得不依赖数据来协助决策，而阿斯马特的团队将不得不找出如何在供应链的每个阶段使用数据来指导决策。

不过，从某种意义上说，用数据做出决策对迪格来说是任务的终点，然而许多数据驱动决策的描述专注于如何到达终点，比如使用仪表盘和复杂的预测分析模型来从数据中发现规律。但这些工作都建立在一个坚实、统一且可信赖的数据资产基础之上，这个数据资产可以成为整个公司的真实数据源。

迪格也不例外，阿斯马特非常清楚这一点：

> 人们很容易认为收集数据与收集有用数据是一样的，但一旦开始数据分析工作，你很快就会意识到在庞大的数据集中寻找有用数据有多么痛苦。以我们的人力资源数据为例。出于必要性，我们已经使用多个系统来记录员工和他们的工时。但要回答一个简单的问题，比如"每家餐厅平均有多少工人工作"，连最优秀的分析师都要花费半天时间。他们首先需要查询每个数据集，合并结果，然后再花费大量时间确保结果的正确性。

对试图更好地利用数据的公司来说，这通常是一个令人沮丧的处境。人们很容易想到，可以从一开始就更加严格地处理数据。但这并不容易。"回想起来，我认为我的做法不会有太大不同，"阿斯马特说，"在找到自己的定位之前，在这方面浪费宝贵的时间和资源是愚蠢的。说实话，我认为我们在早期已经收集了很多数据，这才让我们处于领先地位！"事实上，我们还不清楚迪格是否能够在早期解决这些问题，因为在没有人日复一日地使用数据并提出渐进式改进的情况下，是很难建立坚实的数据基础的。人们很容易认为这些问题只影响那些有大量数据和笨重基础设施的大型传统公司，但并不尽然。

这只是可能出现的问题之一。在数据集之间对简单的指标做比较可能是一个挑战。例如，"净销售额"是否包括在线订单？退货、退款和信用卡呢？当然，当你开始比较完全不同的数据集时（比如在评估员工对销售的影响时），事情就变得更加复杂了。

在迪格能够系统地使用数据来辅助决策之前，阿斯马特的团队不得不将这些不同的数据资产合并成一个可以高效回答问题的数据库，即"真实数据源"。阿斯马特说："到目前为止，我们的很多工作是为了让我们的基础设施能够支撑这些决策。我们已经投入了相当多的资源，包括一个与我的团队密切合作的数据工程师团队。"

创建这样一个数据库的关键是使用什么工具来托管它。如今，大多数公司的数据规模很大，诸如 Microsoft Excel 或 Microsoft Access 等简单的桌面工具已无法胜任。值得庆幸的是，有专为小型企业解决此类问题的云端解决方案——Google BigQuery、Looker 等工具。图 2 和图 3 正是迪格的阿斯马特团队使用这些工具的截图。

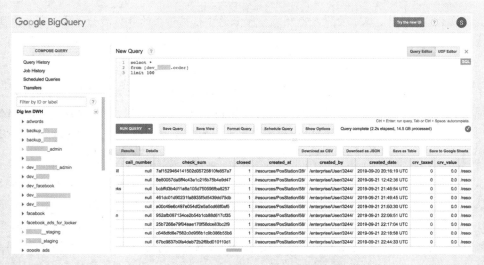

图 2　迪格公司使用的 BigQuery 工具

说明：截图经过脱敏处理

资料来源：迪格公司

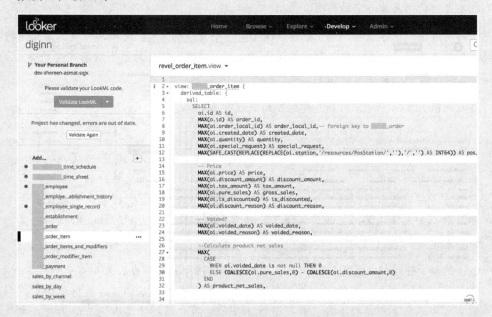

图 3　迪格公司使用的 Looker 工具

说明：截图经过脱敏处理

资料来源：迪格公司

在技术难题之外，文化也是一个问题。如果急于根据错误的数据启动项目，那么很可能会适得其反。管理层一旦发现结果存在问题，他们对整个项目的信任很可能就不复存在了。

阿斯马特说："我们非常幸运，从首席执行官亚当·埃斯金到每一位员工，所有人都致力于用数据驱动公司决策。每个人都明白这不是一蹴而就的，总会有小问题，但人们都非常支持建立坚实的数据基础。我个人发现，通过与整个公司及时沟通，我们收获了很多信任。我们专注于小而可实现的目标，比如制作立竿见影的仪表盘。我们会及时通知大家我们的进展。"

这通常是一个成功的策略。从理论上讲，雄心勃勃地自上而下重新设计每个系统和数据是很诱人的。但由于多种原因，此类方式通常会失败。首先，人们会低估工作量，进而导致项目多次推迟上线。其次，这种自上而下的重新设计有时需要破坏当前的系统，并从零开始重新设计，这意味着在项目上线之前很少有东西可以展示，因而使项目延迟变得更糟。再次，公司的运营和相应的数据收集框架很少是一成不变的，在耗时的自上而下的重构中，实际情况可能会在项目完成之前发生变化，到项目交付时，很可能已经过时了。最后，在自上而下的项目计划完成后，项目组在实施阶段很容易与公司的其他业务割裂开，毕竟再详尽的项目计划也不太可能涵盖业务中的所有复杂性。

迪格的方法避免了这些问题。通过专注于某一个紧迫的目标，阿斯马特及其团队保持与相关团队的紧密联系，在每个步骤上都做出了成果。诚然，项目的整个周期可能更长，但这样保证了每一步都能产生有价值的结果。

在被问及具体例子时，阿斯马特的眼睛亮了起来：

> 首先，我们最重要的决定之一是制定菜单。我们喜欢紧跟季节——我们会每个季节更换菜单，并经常推出季节限定的时令产品。在过去，我们以周为单位，根据销售数据来跟踪产品的表现。不幸的是，这些报告是一次性分析产生的静态报告，多年的报告累积成了一堆混乱的电子表格和文本文档。因此，当涉及基于年度数据做未来决策时，我们不得不依赖自己的直觉，而直觉可能会因我们的喜好而产生偏差。

> 例如，在迪格，我们的团队是一个相当健康的团队。在办公室里有一个笑话，说我们比美国其他地方的人吃的奶酪和通心粉要少得多！基于新的数据系统，我们可以查看历史产品的表现，我已经数不清到底用它做出了多少明智的决策。有时我们会放弃我们认为有趣的菜品，因为这些菜品的实际销售数据并不好。我甚至可以想起一件事，就是我们的发现甚至影响了我们的营销策略——我们的客户喜欢我们的感恩节特别菜品，所以我们真正懂得这个概念。

另一个例子是在完全不同的领域。迪格的重心之一是培训员工，帮助他们在职业生涯中成长。员工自身遇到问题的一个关键指标是他们经常不来上班。过去，计算旷工数是一个非常费力的过程，因为它要综合考虑两方面的数据：首先是排班系统中的数据，以检查员工是否应该出勤；其次是工资系统中的数据，以查看他们是否真正出勤。现在，我们将这两个系统整合到一起，令人惊讶的是，我们发现了很多细节。我们不仅可以识别存在问题的员工，还可以评估某家餐厅的表现，并采取针对性措施。最后，我们可以为培训团队提供有价值的见解——如果某些特定职位旷工率更高，那么我们也许要重新定义这个职位或我们的培训方式。

啊，我怎么能忘记食物浪费呢？我们希望确保不浪费任何食物，但是弄清楚一家餐厅浪费了多少食物曾经是一件令人头痛的事情。我们必须结合每个订单系统（堂食、外卖、宴会等）的销售数据，用它来计算我们应该订购多少食材，然后将其与我们的订购系统的数据进行比较，以确定我们实际订购了多少食材（是的，我们有多个订购系统）。更不用说在餐厅之间比较这些指标有多难了。现在，我们可以快速按照餐厅的浪费程度对餐厅进行排名，并帮助陷入困境的餐厅向高效餐厅学习。

图 4 展示了阿斯马特团队建立的一个仪表盘，以跟踪迪格的供应链表现。在这之前，制作这个仪表盘可能需要一名分析师花费整整一周的时间。现在，团队已经统一了仪表盘的数据集，它会不断更新数据并实时为迪格的管理团队提供有价值的见解。

随着迪格开始扩张，阿斯马特的目光坚定地放在让迪格的每个人（从管理层到餐厅的团队成员）都能利用她和她的团队收集的数据。这还有很多工作要做，但考虑到目前的回报，她相信与具体业务紧密合作的方式是正确的。"明年我们再聊这个话题，我能说出不止 3 个例子！"

图 4　迪格的供应链周报

注意：截图经过脱敏处理

资料来源：迪格公司

5.4 数据

5.2 节提供的文件包含迪格在纽约的所有餐厅一年的模拟数据。注意，为了保护迪格公司的知识产权，数据是经过脱敏处理的。让我们过一遍这些数据集并尝试理解它们，其中，有些数据集太大了，无法在 Excel 中打开，不过你必须相信这些数据中的确包含我们提到的一些列，你将在 5.6.1 节中亲眼看到这一点。

❑ Restaurants.csv 数据集包含每一家餐厅的相关数据。它包含如下这些列。

  ➢ RESTAURANT_ID：每家餐厅的唯一编号。
  ➢ NAME：餐厅的名称。
  ➢ ADDRESS：餐厅的地址。
  ➢ LAT：餐厅的纬度。
  ➢ LONG：餐厅的经度。
  ➢ OPENING_DATE：餐厅开始营业的日期。
  ➢ DELIVERY_START：餐厅开始提供外卖服务的日期。

❑ Items.csv 数据集列出了迪格出售的菜品条目。它既包含套餐也包含像小菜或餐后甜点那样单独出售的菜品条目。注意，所有套餐的组成部分也可以像小菜一样单独下单订购。这个文件包含如下这些列。

  ➢ ITEM_ID：菜品编号。
  ➢ ITEM_NAME：菜品名称。
  ➢ ITEM_TYPE：菜品类型（主菜、小菜、酱、凉菜、甜点、饮料）。

❑ Simplified orders.zip 文件是你下载的文件中最大的一个。它包含一年内的所有订单信息，一行对应一笔订单，所以你可以想象，这个文件是非常大的。事实上，这个文件大到很难弄清楚它总共包含多少行。你可能得等到学习过 5.6.1 节之后才能知道怎么计算出这个文件的行数。

文件中大部分的订单包含一个套餐（迪格公司主推的产品）。每个套餐包含如下部分。

  ➢ 一份主食（沙拉、法罗或米饭）。
  ➢ 一份主菜（鸡肉、牛肉等）。
  ➢ 两份小菜（芝士、通心粉、胡萝卜等）。

此外，每笔订单可能还包含一些饼干和饮料。有时候，订单也会只包含饼干和饮料，并不包含套餐。

注意这是经过简化的迪格订单信息（因此，我们以 "Simplified orders" 为文件名）。在现实生活中，一些套餐可能会包含多份同款菜品，有些菜品也可以作为小菜单独下单，还有一些订单可能会包含多个套餐。为简单起见，本书中暂时不考虑这些复杂情况。[2]

Simplified orders.zip 包含如下这些列。

> ORDER_ID：订单编号。

> DATETIME：下订单的日期和时间。

> RESTAURANT_ID：接受该订单的餐厅编号，对应于 Restaurants.csv 文件中的 RESTAURANT_ID。

> TYPE：订单的类型，堂食（IN_STORE）、自取（PICKUP）或者外卖（DELIVERY）。

> DRINKS：订单中饮料的数量。

> COOKIES：订单中饼干的数量。

> MAIN：订单中主菜的菜品编号 ITEM_ID，对应于 Items.csv 文件中的 ITEM_ID。如果套餐包含两个主菜，那么这一列需要包含在两个主菜中随机选取的一个。如果订单没有包含套餐，则这个字段的值为空。

> BASE：订单中主食的菜品编号 ITEM_ID，对应于 Items.csv 文件中的 ITEM_ID。如果套餐中包含两份主食，那么这一列需要包含在两份主食中随机选取的一个。如果订单不包含套餐，则这个字段的值为空。

> SIDE_1 和 SIDE_2：订单中套餐的两份小菜，对应于 Items.csv 文件中的 ITEM_ID。如果订单不包含套餐，那么这个字段的值为空。

❑ Summarized orders.csv 文件是最大的那个订单文件按天聚合的结果。它的一行对应着每天每家开放的餐厅的订单信息，包含如下这些列。

> location：位置信息。

> day：本行对应的日期。

> number of orders：该餐厅在这一天的总订单数。

> percentage of deliveries：这一天的所有订单中外卖订单所占的百分比。

你可能已从案例分析中推测出来，迪格所面临的关键挑战是如何让餐厅的决策者们高效地查询这些数据（并且，任何组织都会期待从他们的数据中获得更多的信息）。一种方法是把最大的数据集（如 Simplified orders.zip）处理成小一些的文件（如 Summarized orders.csv）以便分析。在你学完第二部分的时候，你将可以轻松完成这些分析（如需更多细节，请查看 9.6 节）。

5.5 pandas 库

Python 最主要的数据分析能力来自一个名为 pandas 的库。它是由韦斯·麦金尼（Wes Mckinney）开发的，现在有一个活跃的技术社区在持续改进和扩展这个库的功能（并且在 Stack Overflow 上探讨问题）。

在本书的第二部分，我们不会再使用 Python 的命令行，而是会为每章创建 Jupyter Notebook，并且在那里运行我们的代码。本书的配套网站为每章提供了一个 Jupyter Notebook，其中包含相应章节提到的代码。正如我们在 5.3.4 节中了解到的，后续单元格的代码有时可能会依赖前面单元格的代码，所以你最好按照顺序执行每个 Notebook 中的代码。眼下，请在 5.2 节下载的目录中创建一个 Jupyter Notebook。

然后导入 pandas 库，如下所示：

```
import pandas as pd
```

注意，表达式中的 as pd 可以让我们之后用 pd 来指代 pandas。

pandas 库引入了两种新的数据类型，它们是我们后续做数据分析的基础。

❑ 序列（Series）：可以用来存储多列。
❑ 数据框（DataFrame）：存储多个序列和它们对应的列标题，形成一张完整的表格。

下图是一个数据框的结构示意图。

	FIRST_NAME	LAST_NAME	YEAR	HOME_STATE	AGE	CALC_101_FINAL	ENGLISH_101_FINAL
0	Daniel	Smith	1	NY	18	90.0	80.0
1	Ben	Leibstrom	1	NY	19	80.0	NaN
2	Kavita	Kanabar	1	PA	19	NaN	NaN
3	Linda	Thiel	4	CA	22	60.0	40.0
4	Omar	Reichel	2	OK	21	70.0	50.0
5	Jane	OConner	2	HI	19	NaN	NaN
6	Felicia	Rao	3	NY	20	NaN	NaN
7	Rachel	Crock	1	FL	17	NaN	60.0
8	Bob	McDonald	1	FL	18	98.0	65.0

列标题

值缺失

行索引

单个序列（列）

每一列都存储了一个带列标题的序列。行索引（参见 5.5.3 节）在默认情况下从 0 开始逐行增加 1，但是每行都可以设置别名。NaN 表示值缺失（not a number），后面我们会讨论怎么处理缺失的数据。

5.5.1　pandas 数据框

我们通常直接从文件（如 Excel 文件或 CSV 文件）中读取数据框，相关内容将在 5.6 节中介绍。在这之前，让我们先从一个更简单的例子开始。我们在 pandas 里通过一个字典直接生成数据框，该字典中的每一个条目对应一列，所以该数据框包含多个条目。创建一个新的单元格，输入如下代码（内容有些长，你可以直接从 https://www.pythonformbas.com/df_students 中复制）并运行：

```
students = (
    {'FIRST_NAME': ['Daniel', 'Ben', 'Kavita', 'Linda',
                    'Omar','Jane', 'Felicia', 'Rachel',
                    'Bob'],
     'LAST_NAME': ['Smith', 'Leibstrom', 'Kanabar', 'Thiel',
                   'Reichel', 'OConner', 'Rao', 'Crock',
                   'McDonald'],
     'YEAR': [1, 1, 1, 4, 2, 2, 3, 1, 1],
     'HOME_STATE': ['NY', 'NY', 'PA', 'CA', 'OK', 'HI',
                    'NY','FL', 'FL'],
     'AGE': [18, 19, 19, 22, 21, 19, 20, 17, 18],
     'CALC_101_FINAL': [90, 80, None, 60, 70, None, None,
                        None, 98],
     'ENGLISH_101_FINAL': [80, None, None, 40, 50, None,
                           None, 60, 65]} )
df_students = pd.DataFrame(students)
```

第一个语句创建了一个字典 students，其中每个条目对应一列以及列中每个具体的值。注意，因为这个语句比较长，所以我们把它分成了多行。怎么让 Python 知道这些行是同一个语句的多个部分呢？可以简单地在第一行结束的位置加一个左括号，在最后一行结束的位置加一个右括号，这样 Python 就会忽略这两个括号之间的所有换行符。

第二个语句调用了 pandas 包（记住，我们用 pd 来表示 pandas），用 students 字典创建了一个数据框，并把结果存储在了变量 df_students 里。

创建一个单元格，并执行如下代码来展示这个数据框：

```
df_students
```

	FIRST_NAME	LAST_NAME	YEAR	HOME_STATE	AGE	CALC_101_FINAL
0	Daniel	Smith	1	NY	18	90.0
1	Ben	Leibstrom	1	NY	19	80.0
2	Kavita	Kanabar	1	PA	19	NaN
3	Linda	Thiel	4	CA	22	60.0
4	Omar	Reichel	2	OK	21	70.0
5	Jane	OConner	2	HI	19	NaN
6	Felicia	Rao	3	NY	20	NaN
7	Rachel	Crock	1	FL	17	NaN
8	Bob	McDonald	1	FL	18	98.0

可以看到，pandas 和 Jupyter Notebook 一起展示了一个整洁的数据框。

5.5.2 通过序列访问列信息

现在我们已经创建了一个数据框，有两种方法可以访问这个数据框中的单个序列。第一种方法是简单地把列的名称放在方括号里（第一个例子）：

```
df_students['FIRST_NAME']
```

```
0        Daniel
1           Ben
2        Kavita
3         Linda
4          Omar
5          Jane
6       Felicia
7        Rachel
8           Bob
Name: FIRST_NAME, dtype: object
```

第二种方法是在数据框后面加一个点号，然后再跟列的名称（注意，为简单起见，我们有时不会把代码放到 Jupyter Notebook 的单元格里。但是无论如何，你应该像前面一样在 Jupyter 里运行代码）：

```
df_students.FIRST_NAME
```

你可以依据个人喜好选用其中一种方法。然而在某些情况下，第一种方法更好。假设我们需要访问一个列名是另一个变量名的列，我们将做如下操作：

```
i = 'HOME_STATE'
df_students[i]
```

用 df_students.i 试图获得一个相似的结果可能不管用，因为 pandas 会去寻找一个名为 i 的列，而不是这个变量指代的字符串。同样，如果一个列名包含空格，那么第二种方法也会有问题。

注意，获取单个序列时，输出结果并不是一张漂亮的表格，因为它是作为整个数据框的一部分被输出的——以普通文字的形式输出。这表明你正在输出的是一个序列（单列），而不是一个数据框（多列）。

如上所述，参考如下代码（第二个例子）：

```
df_students[['FIRST_NAME']]
```

	FIRST_NAME
0	Daniel
1	Ben
2	Kavita
3	Linda
4	Omar
5	Jane
6	Felicia
7	Rachel
8	Bob

注意两个例子中输出的区别。在第一个例子中，我们在方括号里放了一个字符串，告诉 pandas 去"选择以该字符串命名的列并且返回序列"。因为结果是一个序列，所以它是用普通文本的方式输出的。在第二个例子中，我们在方括号里提供了一个列表，并且告诉 pandas "给我另一个包含列表里的列的数据框"。因为结果是一个数据框（尽管只有一个列），所以它就用漂亮的格式输出了。

下面这张图可以帮助你理解这两种模式。左边的表达式是从数据框中选择单个列并把它变成一个序列，右边的表达式是从已有的列中选择一个子集并以数据框的形式返回。那么 pandas 是怎么知道你想要做什么的呢？它会读取你放在方括号中的对象类型。在左边的做法中，方括号中是一个字符串，所以 pandas 可以识别出你希望从单个列生成一个序列。而在右边的做法中，方括号中是一个列表，所以 pandas 认为你想要一个数据框。

df_students['FIRST_NAME']   df_students[['FIRST_NAME']]

字符串   列表

用这个新学到的知识，我们可以输出两列而不是仅仅一列。你能猜出来应该怎么做吗？
♦（记住，当你在本书的第二部分中碰到菱形符号时，把书放在一边并想一想，你能自己想出来下面应该怎么做吗？）代码如下所示。

```
df_students[['FIRST_NAME', 'LAST_NAME']]
```

	FIRST_NAME	LAST_NAME
0	Daniel	Smith
1	Ben	Leibstrom
2	Kavita	Kanabar
3	Linda	Thiel
4	Omar	Reichel
5	Jane	OConner
6	Felicia	Rao
7	Rachel	Crock
8	Bob	McDonald

一个常见错误

当你试图从一个 pandas 数据框中选择多列，但是忘记将列表放在方括号中时，就会出现常见的 pandas 错误。考虑如下示例代码：

```
df_students['FIRST_NAME', 'LAST_NAME']
```

上述代码会返回一个错误。这是我们碰到的第一个 pandas 错误，值得注意的是，pandas 错误通常都长得吓人。分享一个阅读 pandas 错误的小技巧——滚到错误的最底端，因为最相关的部分通常在最后。

在这个例子中，查看错误的末尾，你会看到下面的描述：

```
KeyError: ('FIRST_NAME', 'LAST_NAME')
```

pandas 已经识别出了错误来自的列名——方括号中的参数是**一个字符串**，所以 pandas 在寻找一个名为'FIRST_NAME', 'LAST_NAME'的列。正确的做法是把它们放在**两对**方括号中（或者说，把一个列表放在一对方括号中），让 pandas 知道我们希望找到多个列。

5.5.3 行索引和列名

pandas 数据框的每一列都有一个相应的名字，这应该是大家已经很熟悉的概念。但你可能不太熟悉的是每一行也都有一个对应的行名（通常称为**行索引**）。在默认情况下，行名就是行数，不过有时候用不一样的名字会有额外的作用。

转换列名或者行索引很简单。假设你想把列名 ENGLISH_101_FINAL 改成 ENGLISH_101_FINAL_SCORE，那么可以运行以下代码：

```
df_students.columns = ['FIRST_NAME', 'LAST_NAME', 'YEAR',
        'HOME_STATE', 'AGE', 'CALC_101_FINAL',
        'ENGLISH_101_FINAL_SCORE']
```

执行上述代码并且观察数据框，你会发现列名已经发生了相应的变化。类似地，假设你想要把行索引从 0 开始改成从 1 开始，那么可以运行以下代码：

```
df_students.index = [1, 2, 3, 4, 5, 6, 7, 8, 9]
```

现在观察一下 df_students 数据框，你会发现行索引已经变了。

为了修改一个列名而列举出**所有**行，这种方法挺不方便的。幸好有一种方法可以仅修改一个列名。假设你想将上述改动逆转，那么可以执行下面的代码：

```
df_students.rename(columns={'ENGLISH_101_FINAL_SCORE':'ENGLISH_101_FINAL'})
```

LAST_NAME	YEAR	HOME_STATE	AGE	CALC_101_FINAL	ENGLISH_101_FINAL
Smith	1	NY	18	90.0	80.0
Leibstrom	1	NY	19	80.0	NaN
Kanabar	1	PA	19	NaN	NaN

这是我们第一次使用数据框函数，所以值得花一些篇幅来说一说。首先，输入 df_students.rename 来访问 rename()函数，并且把它应用到 df_students 上（这跟输入 a.upper()来把 upper()函数应用到字符串 a 上非常类似）。其次，把一个参数传给该函数，这个参数是一个字典，其中字典的键是你希望修改的旧列名，值的部分是对应的新列名。最后，输出结果显示列名修改成功。

下面再来看一看这个数据框：

```
df_students
```

LAST_NAME	YEAR	HOME_STATE	AGE	CALC_101_FINAL	ENGLISH_101_FINAL_SCORE
Smith	1	NY	18	90.0	80.0
Leibstrom	1	NY	19	80.0	NaN
Kanabar	1	PA	19	NaN	NaN

你或许会好奇为什么旧列名又回来了。发生了什么？ rename()函数（实际上几乎所有 pandas 函数）并不会改变底层的数据框。这些函数只是简单地创建一个**新版本**的数据框，原来的数据框并没有发生改变。这跟下面的代码展现出来的行为类似：

```
name = 'Daniel'
name.upper()
```

```
'DANIEL'
```

```
name
```

```
'Daniel'
```

name.upper()这一行返回了大写的字符串，但是它并没有真正改变这个变量。

通常来说，如果你**的确**想要修改原始数据框，那么在本书中，我们会把函数返回的内容重新赋值给最初的数据框变量名来实现：[3]

```
df_students = (
    df_students.rename(columns = {'ENGLISH_101_FINAL_SCORE'
                                  : 'ENGLISH_101_FINAL'}))
```

df_students 将会包含拥有新列名的新数据框。

另外，有时候需要重置行索引（行名）到默认值（从 0 开始），用下面的代码即可完成这个操作：

```
df_students = df_students.reset_index(drop = True)
```

此时仍然需要把返回结果赋值给 df_students，以确保真正修改了原始数据框。那为什么需要一个 drop = True 呢？如果没有这个参数，结果数据框中会被创建出一个包含**旧索引**的新列（这个旧索引是你希望替换掉的）。你可以自己尝试一下来看看效果。

5.5.4 head()和shape

当一个很大的数据集被载入 pandas 的时候，通常看一下开始的几行会很有用。这时可以使用 head() 函数：

```
df_students.head()
```

	FIRST_NAME	LAST_NAME	YEAR	HOME_STATE	AGE	CALC_101_FINAL
0	Daniel	Smith	1	NY	18	90.0
1	Ben	Leibstrom	1	NY	19	80.0
2	Kavita	Kanabar	1	PA	19	NaN
3	Linda	Thiel	4	CA	22	60.0
4	Omar	Reichel	2	OK	21	70.0

了解数据框的大小也是非常有用的，可以使用 shape 属性来执行此操作：

```
df_students.shape
```

```
(9, 7)
```

这个表达式的结果是一个 Python 元组（也可以认为这是一个只读的列表），其中第一个值是行数，第二个值是列数。如果只想知道行数，则可以使用 df_students.shape[0]（也可以简单地使用 len(df_students) 来获取行数）。

用或者不用括号

你可能已经注意到了，前面我们讨论的内容中有不一致的部分。在一些例子（如 head() 或 reset_index()）中，需要加括号（圆括号）。在其他例子（如 shape）中，或者把一列变成一个序列时，又不用加括号。

这是有原因的，但是理解它们并不能真的帮助我们区分什么时候用括号以及什么时候不用。我们想教给你的是当你出错时怎么识别出发生了什么，然后解决问题。

试试下面这两行代码，它们并不需要括号，但是你加上了：

```
df_students.FIRST_NAME()
df_students.shape()
```

　　这两个例子都会返回错误。用我们前面分享的小技巧，直接滚到错误的最后，你会发现这两个例子都有关键字 is not callable，这是在不需要的地方加了括号的关键标识。添加括号实际上是在让 Python 去**调用**函数，但是 df_students.FIRST_NAME 和 df_students.shape 并不是函数，而是序列或元组，所以 Python 告诉你它们是**不可调用**的。

　　那反过来会怎样呢？试试下面这行代码：

```
df_students.reset_index
```

　　Python 并没有返回错误，但是也没有生成你期待的结果（一个数据框）。相反，你得到了一堆以 bound method 开头的内容。在这个上下文中，你可以认为 method 是函数的另一种说法，所以 Python 是在告诉你有一个函数，但是没有加上括号。

　　假设你想要重置索引，然后访问 FIRST_NAME 这一列，那么正确的做法如下所示：

```
df_students.reset_index(drop = True).FIRST_NAME
```

　　先重置数据框的索引，生成一个新的数据框，然后访问 FIRST_NAME 这一列。这被称为 **pandas 命令链**，这是我们会频繁使用的方法。

　　但是如果忘记在链状语句上加括号会发生什么呢？运行下面的代码：

```
df_students.reset_index.FIRST_NAME
```

你会得到一个如下开头的错误码：

```
'function' object has no attribute . . .
```

　　这是另一个告诉你在语句中忘记加括号的明确标识。

5.5.5　Jupyter Notebook 的代码完善功能

　　Jupyter Notebook 的终极功能——代码完善功能，很快会成为你最喜爱的功能之一。

　　先创建一个单元格，输入 df_s 后按"Tab"键。注意，Jupyter Notebook 神奇地自动补齐了变量名，让你不再需要手动输入剩余的部分。Jupyter 查到 df_student 是唯一的以字母 df_s 开头的变量，然后自动帮你补齐了变量名。

　　如果有多个变量以这些字符开头，那么会发生什么呢？下面创建一个名为 df_surfboard 的变量来试试看：

```
df_surfboard = 1
```

输入 df_s 并在单元格中按 "Tab" 键, 如下图所示。

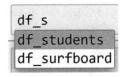

你会注意到 Jupyter Notebook 产生了一个下拉列表, 其中包含了符合条件的所有变量名。你可以用上、下方向键在列表中移动, 在找到你需要的变量时按 "Enter" 键。

如果你觉得这还不够, 别着急, 还有更多的功能。

Jupyter 不仅会自动补齐变量名, 还会根据 pandas 数据框**内部**的情况来自动完善代码。创建一个单元格, 输入 df_students.E 并按 "Tab" 键。注意, Jupyter 马上意识到你是希望访问 ENGLISH_101_FINAL 列, 于是帮你自动完成了。如果有多个列符合这个前缀, 那么同样也会出现下拉列表。

还觉得不够? 别着急, 还有更多。

Jupyter Notebook 还会帮你自动完善函数名。假设你希望把 df_students 列重命名, 那么创建一个单元格, 输入 df_students.re 并按 "Tab" 键, 下图所示效果就会出现。

```
df_students.re
    reindex
    reindex_like
    rename
    rename_axis
    reorder_levels
    replace
    resample
    reset_index
```

此时你就可以选择数据框中以 re 开头的函数了。(如果这个数据框中有以 re 开头的列名, 那么它们也会出现在下拉列表中。)

最后再介绍一个功能。创建一个单元格, 输入 df_students.rename(, 按住 "Shift" 键的同时快速按两次 "Tab" 键, 下图所示的对话框就会弹出。

```
df_students.rename(
                                                    ^  ✖

    Signature:
    df_students.rename(
        mapper=None,
        index=None,
        columns=None,
        axis=None,
        copy=True,
        inplace=False,
        level=None,
```

输出内容包含了这个函数的完整使用文档。你可以对 Python 的**任何**函数使用这个功能，这样当你需要查看文档的时候，就可以非常迅速地拿到文档。（注意，一个完整的函数文档可能会非常长，所以我们不期待你从头到尾完整地阅读文档。当你对 pandas 越来越应用自如的时候，对文档的阅读也会越来越高效。）

用文档字符串（docstring）为你自己的函数撰写文档

在第一部分中，我们讨论过如何创建自己的函数。你或许想知道如果用 Jupyter 来阅读你自己创建的函数文档会发生什么。首先，创建一个简单的函数，其功能就是把两个数值相加：

```
def add_numbers(a, b):
    return a+b
```

现在，创建一个单元格，输入 add_numbers，按住"Shift"键的同时按两次"Tab"键，下图所示的对话框就会出现。

```
In [ ]:  add_numbers
                                                    ^  ✖

In [ ]:  Signature: add_numbers(a, b)
         Docstring: <no docstring>
In [ ]:  File:      ~/Documents/Code/Chapter 5/<ipython-input-1-88a9ef25
                    8871>
         Type:      function
In [ ]:
```

不出所料，并没有文档出现，因为你还没有创建。创建一个文档非常简单，只需在函数体中输入一对三引号并在其中加入描述即可（这被称为 Python 的文档字符串）：

```
def add_numbers(a, b):
    '''
    This function takes two numbers, a and b, and returns
```

```
        the sum
        '''
        return a+b
```

　　现在再次运行这个单元格以重新定义函数，试着再次触发文档，你会看到文档字符串出现了。

5.6　读写数据

　　到目前为止，我们一直在使用用字典创建的名为 df_students 的数据框。有时候，用这种方式创建数据框很有用。但在大多数业务中，我们需要从文件中读取数据，并将其保存到可以根据需要共享的文件中。本节将展示如何在 pandas 中执行这些数据读写操作。

5.6.1　阅读数据

　　Students.xlsx 文件是我们在 5.5 节中创建的数据集的 Excel 版本。可以使用 read_excel()函数将其加载到 pandas 中。请注意，只有在 Part 2 目录中正确创建了 Jupyter Notebook，这才能工作。如果没有，则必须在引号中列出文件的完整路径：[4]

```
df_students =pd.read_excel('raw data/Students.xlsx')
```

　　运行上述代码不会生成任何输出，但 df_students 现在将包含从文件中读取的数据框。如果 Excel 工作簿有多张工作表，那么 pandas 还允许你指定要读取的工作表。在本例中，工作簿中唯一的工作表是 Sheet 1，因此不需要指定它。但也可以像下面这样写：

```
df_students = pd.read_excel('raw data/Students.xlsx',
                            sheet_name='Sheet 1')
```

　　与很多其他的 pandas 函数一样，read_excel()提供了令人眼花缭乱的选项，如果详细介绍它们，则可能会占用本书一章的篇幅。值得庆幸的是，pandas 文档信息量很大。在网上搜索"pandas read_excel"（或使用 5.5.5 节中介绍的功能来显示文档），你将找到从 Excel 文件中读取数据的说明，其中包含多张工作表（没有表头），以及更多的信息。

　　你可能会遇到的另一种文件格式是 CSV。例如，回到迪格这个案例中，考虑汇总订单数据文件，如果它是以 CSV 格式提供的，那么就可以使用 read_csv()函数来加载它，并使用 head()函数查看前几行：

```
df_summarized_orders = pd.read_csv('raw data/Summarized orders.csv')
df_summarized_orders.head()
```

	location	day	number of orders	percentage of deliveries
0	Bryant Park	2018-01-01	373	0.0
1	Bryant Park	2018-01-02	789	0.0
2	Bryant Park	2018-01-03	818	0.0
3	Bryant Park	2018-01-04	782	0.0
4	Bryant Park	2018-01-05	719	0.0

你会注意到列名包含空格，而且相当长。如果每次引用这些列中的某列时都输入完整的名称，那么会很麻烦。因此，可以将其重命名为更易于管理的名称：

```
df_summarized_orders.columns = ['RESTAURANT_NAME',
                                'DATE', 'NUM_ORDERS',
                                'PERC_DELIVERY']
```

可以用以下方式把 restaurant 数据集和 items 数据集也加载进来：

```
df_items = pd.read_csv('raw data/items.csv')
df_restaurants = pd.read_csv('raw data/restaurants.csv')
```

最后，让我们从迪格案例中加载订单数据集。数据以 CSV 格式提供，但被压缩在 ZIP 文件中。你可能会惊喜地发现，甚至不需要解压文件，pandas 就可以直接从压缩文件中读取数据。请尝试以下代码，该代码将加载文件并输出数据集的大小：

```
df_orders = pd.read_csv('raw data/Simplified orders.zip')
df_orders.shape
```

此数据集很大，有约 238 万行，这可能需要一些时间来加载。然而，我们开始看到 pandas 的威力了。

我们已经讨论了 Excel 文件和 CSV 文件，pandas 还可以读取很多其他格式的文件。如果你遇到了一种新的格式文件需要读取，那么很可能 pandas 有一个功能可以让你读取它——使用搜索引擎搜索可以帮助你找到相关方法。事实上，5.6.2 节将介绍第三种文件（pickle）。

5.6.2 写入数据

在后面的章节中，我们将使用 pandas 来转换、修改和汇总数据集。在 pandas 中这样做并不会修改加载数据所用的原始文件。有时，你可能会想将数据导出并保存为文件，以便将来用它们做数据分析或者共享给其他人。pandas 让这一切变得非常简单。

让我们用 pandas 将数据框导出为 CSV 文件。如果你想与使用 Excel 的人共享这个文件，那么这个功能将非常有用。让我们导出汇总订单数据集及其新列名：

```
df_summarized_orders.to_csv('Chapter 5/Summarized orders new.csv')
```

函数括号中的字符串是数据框将要被保存到的文件路径和文件名。请注意，这里将文件保存在了 Chapter 5 目录中。如果你用 Excel 来打开输出的文件，就会注意到行索引被保存在了第 1 列。这通常是不必要的，尤其是当行索引只是行号时。用以下代码来告诉 pandas 不要输出行索引：

```
df_summarized_orders.to_csv(
                'Chapter 5/Summarized orders new.csv', index=False)
```

将文件保存为 CSV 格式的一个缺点是，它会丢失我们在 Python 中可能已经完成的大量工作。例如，在 5.7 节中，我们将讨论如何指定 pandas 数据框中每个列的类型。如果指定完类型再将文件保存为 CSV 格式，那么将丢失所有类型信息。在下次加载 CSV 文件时，将不得不对每个列重新指定类型。

值得庆幸的是，Python 提供了一种不同的文件类型——pickle，它允许我们保留任何 Python 变量（包括数据框），并会按原样重新加载它们。要将数据框保存为 pickle 文件，只需使用 to_pickle()函数，代码如下所示：

```
df_students.to_pickle('Chapter 5/df_students. pickle')
```

你会注意到文件 df_students.pickle 将被创建到你在函数中指定的文件路径——Chapter 5 目录。pickle 文件不能用 Excel 打开，只能使用 pd.read_pickle()函数将其数据读回给 Python：

```
pd.read_pickle('Chapter 5/df_students. pickle')
```

	FIRST_NAME	LAST_NAME	YEAR	HOME_STATE	AGE	CALC_101_FINAL
0	Daniel	Smith	1	NY	18	90.0
1	Ben	Leibstrom	1	NY	19	80.0
2	Kavita	Kanabar	1	PA	19	NaN
3	Linda	Thiel	4	CA	22	60.0
4	Omar	Reichel	2	OK	21	70.0
5	Jane	OConner	2	HI	19	NaN
6	Felicia	Rao	3	NY	20	NaN
7	Rachel	Crock	1	FL	17	NaN
8	Bob	McDonald	1	FL	18	98.0

读取的数据框将与你保存到 pickle 文件中的数据框**完全**相同。

---

pickle 和 pandas 的版本问题

如果你尝试在旧版 Excel 中打开新版 Excel 文件，那么可能会遇到一些问题。pickle 文件也是如此。如果你尝试用新版 pandas 去打开用旧版 pandas 保存的 pickle 文件，那么可能会遇到一些很隐蔽的错误。有很多办法可以解决这个问题，但这远远超出了本书的范畴。在本书的学习过程中，在对 pickle 文件进行读写操作时，请确保你使用了相同版本的 Python 和 pandas。如果你在读取从本书配套网站上下载的 pickle 文件时遇到了错误，请让我们知道，我们将确保提供所有最新版本的 pandas 能读取的文件。

5.7 列类型

Python 会跟踪每个变量的数据类型，无论是浮点型、整型还是字符串类型。在 pandas 中也是如此，每一列都有一个类型，pandas 会对其进行跟踪。

要查看每个列的类型，可以使用 info()函数：

```
df_orders.info()
```

```
<class 'pandas.core.frame.DataFrame'>
RangeIndex: 2387224 entries, 0 to 2387223
Data columns (total 10 columns):
 #   Column         Dtype
---  ------         -----
 0   ORDER_ID       object
 1   DATETIME       object
 2   RESTAURANT_ID  object
 3   TYPE           object
 4   DRINKS         float64
 5   COOKIES        float64
 6   MAIN           object
 7   BASE           object
 8   SIDE_1         object
 9   SIDE_2         object
dtypes: float64(2), object(8)
memory usage: 182.1+ MB
```

每一列都有一个关联的类型，对象类型是 pandas 中"我不知道这是什么"的简写。注意，字符串类型会被识别成对象类型。

pandas 通常很擅长确定列的类型。在上面的示例中，你会注意到 pandas 自动识别出了 DRINKS 列和 COOKIES 列是浮点型。理论上，它应该将这些列设置为整型（因为饼干和饮料的数量总是整数），但由于各种复杂的原因，可能会缺失一些信息，而 pandas 通常又不喜欢将列设为整型，而是倾向于浮点型。不过，一般情况下，这么做是没问题的。

然而，pandas **没有**正确识别出 DATETIME 列。根据前面的输出，该列被视为一个简单的字符串列，与 TYPE 列非常相似。这不可能正确，因为日期肯定比简单的字符串更加结构化。

当 pandas 弄错了列的类型时，我们需要帮助它。对于这个例子中的 DATETIME 列，可以用 to_datetime()函数来转换，如下所示：

```
df_orders.DATETIME =pd.to_datetime(df_orders.DATETIME)
```

让我们仔细分析一下这个语句。我们首先从 df_orders 数据集中提取 DATETIME 列作为序列，然后将其传递给 pd.to_datetime()函数。pandas 将获取这个序列并将每个条目转换为日期时间类型（注意，这是本书第一部分中没有涉及的新数据类型）。然后，该列将被这个新的格式化列替换。虽然本书还没有讲解如何编辑列（6.8.3 节将正式介绍），但是语法是不言自明的。

再次运行 df_orders.info()。你会注意到 DATETIME 列的类型现在是 datetime64 [ns]。

然而，查看实际的数据框（使用 df_orders.head()），你可能会注意到没有任何变化。那这么做有什么意义呢？答案就在 6.7.5 节中。为了快速了解一些内容，请参考以下代码：

```
df_orders.DATETIME.dt.day_name().head()
```

```
0       Thursday
1       Thursday
2       Saturday
3       Saturday
4         Sunday
Name: DATETIME, dtype: object
```

现在 pandas 意识到 DATETIME 列是日期，它能够提取关于该日期的信息，比如星期几。但不能在原来的字符串列上这样做。很快你就会看到关于这方面的更多内容。

这个讨论可能会给你留下很多问题，例如，什么样的日期和时间形式能用 pd.to_datetime() 函数转换？在前面的数据框中，我们加载的原始字符串看起来像这样：2018-10-11 17:25:50。如果将日期格式变成 11Oct18 05:25:00pm 会怎么样？我们会让你自己研究这些不同的格式，你会惊讶地发现 pd.to_datetime()的功能是多么全面（多功能性）。

为了说明这种多功能性，将 df_summarized_orders 中的 DATE 列转换为日期。先来看看这张表是什么样子的：

```
df_summarized_orders.head()
```

	RESTAURANT_NAME	DATE	NUM_ORDERS	PERC_DELIVERY
0	Bryant Park	2018-01-01	373	0.0
1	Bryant Park	2018-01-02	789	0.0
2	Bryant Park	2018-01-03	818	0.0
3	Bryant Park	2018-01-04	782	0.0
4	Bryant Park	2018-01-05	719	0.0

请注意，日期不包含时间。然而，pd.to_datetime()函数可以轻松地处理它。（上表看起来没有任何不同，但键类型已经更改了，它用日期时间类型而不是字符串来存储。）

```
df_summarized_orders.DATE = (pd.to_datetime(df_summarized_orders.DATE) )
df_summarized_orders.head()
```

	RESTAURANT_NAME	DATE	NUM_ORDERS	PERC_DELIVERY
0	Bryant Park	2018-01-01	373	0.0
1	Bryant Park	2018-01-02	789	0.0
2	Bryant Park	2018-01-03	818	0.0
3	Bryant Park	2018-01-04	782	0.0
4	Bryant Park	2018-01-05	719	0.0

5.8　总结

在本章中，我们把 pandas 作为 Python 的主要数据处理库进行了介绍。我们讨论了 pandas 的序列和数据框，并查看了它们的结构。最后，我们探讨了如何读取各种数据文件以及将数据写入各种文件中。

到目前为止一切都还不错，但也许你会发现这些都很一般。在这个阶段，使用 pandas 的最大好处貌似是能够打开大型数据集。除此之外，它似乎也没太多好处，还引入了很多的麻烦。

在第 6 章中，我们将开始收获用 Python 做数据分析的真正好处。你将看到迪格如何使用这些功能来解决一些关键的业务问题。

　　结束本章之前，请用 pickle 文件来保存本章中处理过的信息，在第 6 章中，我们还会用到它们。

　　运行以下代码将这些文件保存到 Chapter 5 目录中。

```
df_students.to_pickle('Chapter 5/students.pickle')
df_orders.to_pickle('Chapter 5/orders.pickle')
df_summarized_orders.to_pickle('Chapter 5/summarized_orders.pickle')
df_items.to_pickle('Chapter 5/items.pickle')
df_restaurants.to_pickle('Chapter 5/restaurants.pickle')
```

第 6 章

在 Python 中探索、绘制和修改数据

我们已经介绍过 pandas 并讨论了如何使用它存储、读取和写入数据，但是还没有讨论加载数据之后如何处理数据。第 5 章中展示的迪格的故事充满了问题，这些问题不仅是关于迪格的数据，更广泛地说，是关于迪格的业务。

在本章中，我们将收获使用 pandas 的成果。我们将使用 pandas 来探索迪格的数据，绘制相应图表，如果需要，还可以修改数据，并基于迪格的数据集来解决一些问题。例如，我们将发现迪格的订单中有多少是外卖订单，而不是自提订单和堂食订单；迪格的哪些餐厅最受欢迎；订单量在一周或一年中是如何变化的。用来回答这些问题的数据集是巨大的，然而，我们可以在短短几秒内获得这些问题的答案。

为了确保你能够专注于学习 pandas 的相关部分，本章中讨论的大多数问题是直接以迪格的数据为基础提出的简单问题。在第 9 章中，我们将考虑更复杂的从迪格的业务角度提出的问题。

6.1 本章内容简介

在本章中，你将掌握 pandas 的大部分基本功能。我们从如何对 pandas 的数据框进行排序以及如何使用它们开始讨论。然后会使用 pandas 提供的功能来探索数据并对其进行过滤。本章的后半部分会介绍列操作和编辑 pandas 数据框。最后，我们会提供更多的有关迪格故事中具体业务问题的示例。

6.2 预备知识

首先在 5.2 节中创建的 Part 2 目录中为本章创建一个新的 Jupyter Notebook（有关如何创建 Notebook 的提示，参见 5.3.1 节）。我们要做的第一件事是加载在第 5 章结束时保存的文件。为此，将以下代码复制到第一个单元格中并运行（适当地命名文件，并为其添加标题）：

```
import pandas as pd
df_students = pd.read_pickle('Chapter 5/students.pickle')
df_orders = pd.read_pickle('Chapter 5/orders.pickle')
```

```
df_summarized_orders = (
    pd.read_pickle('Chapter 5/summarized_orders.pickle') )
df_items = pd.read_pickle('Chapter 5/items.pickle')
df_restaurants = (
    pd.read_pickle('Chapter 5/restaurants.pickle') )
```

和以往一样，本章的 Jupyter Notebook 以及第 5 章的文件都可以在图灵社区本书页面的"随书下载"处找到。

6.3 用 pandas 给数据排序

先从一个简单但关键的操作开始：用 pandas 对数据进行排序。

下面从最简单的排序形式开始。回忆一下 df_students 数据框的样子：

```
df_students.head()
```

	FIRST_NAME	LAST_NAME	YEAR	HOME_STATE	AGE	CALC_101_FINAL
0	Daniel	Smith	1	NY	18	90.0
1	Ben	Leibstrom	1	NY	19	80.0
2	Kavita	Kanabar	1	PA	19	NaN
3	Linda	Thiel	4	CA	22	60.0
4	Omar	Reichel	2	OK	21	70.0

假设你想按 HOME_STATE 对 df_students 进行排序，那么就可以这样写：

```
df_students.sort_values('HOME_STATE')
```

	FIRST_NAME	LAST_NAME	YEAR	HOME_STATE	AGE	CALC_101_FINAL
3	Linda	Thiel	4	CA	22	60.0
7	Rachel	Crock	1	FL	17	NaN
8	Bob	McDonald	1	FL	18	98.0
5	Jane	OConner	2	HI	19	NaN
0	Daniel	Smith	1	NY	18	90.0

请注意，默认输出是按字母顺序递增排序的。要颠倒这个顺序，可以简单地将 ascending=False 参数传递给 sort_values()函数，如下所示：♦

```
df_students.sort_values('HOME_STATE', ascending=False)
```

	FIRST_NAME	LAST_NAME	YEAR	HOME_STATE	AGE	CALC_101_FINAL
2	Kavita	Kanabar	1	PA	19	NaN
4	Omar	Reichel	2	OK	21	70.0
0	Daniel	Smith	1	NY	18	90.0
1	Ben	Leibstrom	1	NY	19	80.0
6	Felicia	Rao	3	NY	20	NaN

以下是关于输出的一些注意事项。

❑ 当数据被排序时，行索引被打乱，每一行都保留其初始名称。通常，将新数据框的行重新标记为从零开始编号是很有用的。可以使用 reset_index()函数来完成这个操作，使用 drop=True 来确保初始索引不会被添加为一个额外的列（参见 5.5.3 节）。

```
df_students.sort_values('HOME_STATE').reset_index(drop=True)
```

❑ 运行 sort_values()函数不会改变底层数据框。如果在运行排序操作后查看 df_students，你会发现它保持着原来的顺序。要对底层数据框进行排序，需要将结果赋值回数据框，如下所示。

```
df_students =(df_students.sort_values('HOME_STATE').reset_index(drop=True))
```

按两列排序同样简单，只需将列名组成的列表传递给 sort_values()函数即可：♦

```
df_students.sort_values(['HOME_STATE', 'LAST_NAME'])
```

	FIRST_NAME	LAST_NAME	YEAR	HOME_STATE	AGE	CALC_101_FINAL
0	Linda	Thiel	4	CA	22	60.0
1	Rachel	Crock	1	FL	17	NaN
2	Bob	McDonald	1	FL	18	98.0
3	Jane	OConner	2	HI	19	NaN
5	Ben	Leibstrom	1	NY	19	80.0

请注意，在每个 HOME_STATE 中，行按 LAST_NAME 排序。

当对一个**序列**（单个列）进行排序时，不需要指定列名，因为 sort_values() 可以单独使用：

```
df_students.CALC_101_FINAL.sort_values()
```

```
0      60.0
7      70.0
5      80.0
4      90.0
2      98.0
1       NaN
3       NaN
6       NaN
8       NaN
Name: CALC_101_FINAL, dtype: float64
```

有时候，你不想按某个列而想按行索引（行名称）进行排序，这时可以使用 sort_index() 函数：

```
df_students.sort_index()
```

	FIRST_NAME	LAST_NAME	YEAR	HOME_STATE	AGE	CALC_101_FINAL
0	Linda	Thiel	4	CA	22	60.0
1	Rachel	Crock	1	FL	17	NaN
2	Bob	McDonald	1	FL	18	98.0
3	Jane	OConner	2	HI	19	NaN

目前来看，这个操作对你来说可能没那么有用。为什么要寻求按行号对数据框进行排序呢？稍后我们将学习行索引包含的内容远远超过行号的情况，那时这个操作将变得非常有用。

6.4　用 pandas 绘图

用 Python 绘图是一个庞大的主题。本书将介绍如何在不过多关注技术细节的前提下，用 pandas 构建令人印象深刻的图表。本书中的这些内容只是"用 Python 绘图"这个主题的冰山一角。而本节将重点介绍如何创建图表，但在将其应用到迪格案例之前，这可能会显得有点儿枯燥。

先加载 Python 的绘图库，如下所示：

```
import matplotlib.pyplot as plt
```

用 pandas 直接生成图表是最简单的方法[1]，可以尝试以下代码：

```
df_students.CALC_101_FINAL.plot(kind='bar')
```

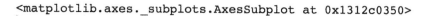

```
<matplotlib.axes._subplots.AxesSubplot at 0x1312c0350>
```

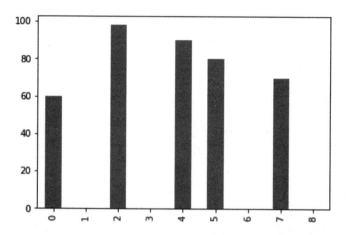

让我们来分析一下发生了什么。首先，我们写了 df_students.CALC_101_FINAL，它返回了一个包含 CALC_101_FINAL 列的序列。该序列的索引与其对应的数据框的索引相同。最后，我们在该序列上调用了 plot(kind='bar')。Python 绘制了一张条形图，其中 x 轴是行索引，y 轴对应值。请注意，如果没有值，就不会绘制对应的柱。

当然，条形图不是唯一可用的类型，接下来我们会介绍其他几种类型的图形绘制。

单独来看，上述图表的用处不大，因为索引没有什么意义。可以尝试以下代码：

```
df_students.index = df_students.LAST_NAME
df_students.CALC_101_FINAL.plot(kind='bar')
df_students = df_students.reset_index(drop=True)
```

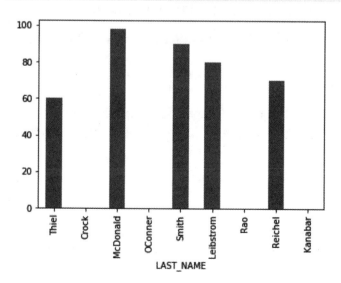

第 1 行代码将数据框的索引设置为姓氏（参见 5.5.3 节）。第 2 行代码绘制 CALC_101_FINAL 列，并使用新索引作为 x 轴。最后，使用 reset_index() 将索引重置为原始的行号。

虽然我们想要有意义的 x 轴，但每次都必须更改索引似乎很麻烦。事实上，为了使整个流程更顺畅，pandas 允许直接将 plot() 应用于数据框：

```
df_students.plot(x='LAST_NAME',
                 y='CALC_101_FINAL', kind='bar')
```

```
<matplotlib.axes._subplots.AxesSubplot at 0x124622250>
```

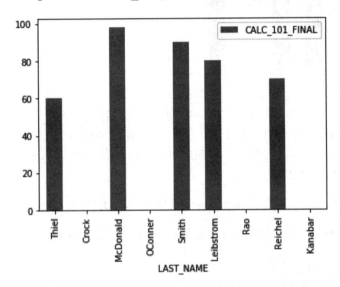

当在数据框上调用 plot() 时，plot() 可以接收用于 x 轴和 y 轴的列作为参数。

以上就是 pandas 绘图的基础知识，在本章的其余部分，我们将一遍又一遍地应用这些知识。

6.5   用 pandas 理解数据

在介绍迪格这个案例时，我们花了大量时间讨论创建唯一真实数据集的重要性——这是数据分析的基础。在创建这个数据集时，第一步是盘点数据，然后探索数据，并从内到外理解数据。pandas 提供了许多工具来执行此操作。

6.5.1   value_counts() 函数

我们将介绍的第一个函数是 value_counts()，它也是 pandas 中最常用的一个函数。它可以应用于任何序列，并会告诉你每个值在序列中出现的次数。例如，让我们回到迪格案例中的

订单表:

```
df_orders.head()
```

	ORDER_ID	DATETIME	RESTAURANT_ID	TYPE	DRINKS	COOKIES
0	O1820060	2018-10-11 17:25:50	R10002	IN_STORE	1.0	2.0
1	O1011112	2018-05-31 11:35:00	R10003	IN_STORE	0.0	0.0
2	O752854	2018-04-21 18:12:57	R10001	DELIVERY	0.0	2.0

假设你想找出 TYPE 列包含哪些值，以及每个值分别出现了多少次，那么就可以使用下面这段代码:

```
df_orders.TYPE.value_counts()
```

```
IN_STORE     1713136
PICKUP        401440
DELIVERY      272648
Name: TYPE, dtype: int64
```

首先引用 df_orders，然后访问 TYPE 列，最后调用 value_counts()函数。

这个结果告诉我们 TYPE 列中有 3 个值，并且给出了每个值出现的次数。我们立即看到大多数订单是堂食订单，但也有相当数量的自取订单和外卖订单。

value_counts()函数还可以将这些次数显示为比例。尝试添加 normalize=True 作为参数: ◆

```
df_orders.TYPE.value_counts(normalize=True)
```

```
IN_STORE     0.717627
PICKUP       0.168162
DELIVERY     0.114211
Name: TYPE, dtype: float64
```

最终，我们发现约 72%的订单是堂食订单。

技术提示

首先，前面介绍过，访问 pandas 中的列的方法有两种（参见 5.5.2 节）。在这里，我们使用了点号，其实也可以使用另一种方法:

```
df_orders['TYPE'].value_counts()
```

结果是相同的。

其次，仔细观察 value_counts()函数的输出。你可能已经注意到它不是一张整齐的表格。这表明输出是序列而不是数据框。该序列的行索引是列中的唯一条目，每行中的值是此唯一条目出现的次数。

为了加深理解，尝试在结果序列上执行 reset_index()。执行之前，试着想象一下输出会是什么。♦

```
df_orders.TYPE.value_counts(normalize=True).reset_index()
```

	index	TYPE
0	IN_STORE	0.717627
1	PICKUP	0.168162
2	DELIVERY	0.114211

输出是一个将索引作为新列的数据框。

使用 6.4 节中介绍过的绘图功能，可以将此数据绘制为条形图：♦

```
( df_orders.TYPE.value_counts(normalize=True)
 .plot(kind='bar') )
```

```
<matplotlib.axes._subplots.AxesSubplot at 0x131c07290>
```

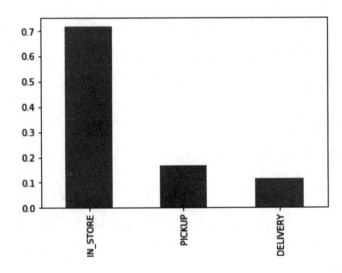

请确保你理解上述表达式的每个部分。我们首先访问 TYPE 列并返回一个序列；然后对其应用 value_counts()，返回一个带有行索引的序列，该行索引对应该列中的唯一条目；最后，绘

制此序列。行索引显示在 x 轴上，数据显示在 y 轴上。在运行整个命令之前，可以尝试逐个运行此链式命令的每个部分以了解它们的作用。

现在来看另外一个问题：哪家餐厅的销售额最高？哪家落后了？在查看解决方案之前，你能想出如何回答这个问题吗？♦

回答这个问题的一种方法是在 df_orders 数据集的 RESTAURANT_ID 列上执行 value_counts()。这将在一定时间范围内计算每家餐厅的订单数：♦

```
df_orders.RESTAURANT_ID.value_counts().plot(kind='bar')
```

```
<matplotlib.axes._subplots.AxesSubplot at 0x121484c10>
```

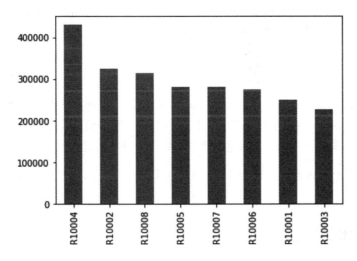

看起来餐厅 R10004 最活跃，而餐厅 R10003 最不活跃。查看 df_restaurants 表，可以发现二者分别是纽约大学（NYU）餐厅和布莱恩特公园（Bryant Park）餐厅。第 7 章将介绍如何自动获取这些餐厅的名称。

最后一个练习，找出每家餐厅在 df_summarized_orders 表中出现的次数。♦ 让我们回忆一下表格的样子：

```
df_summarized_orders.head()
```

	RESTAURANT_NAME	DATE	NUM_ORDERS	PERC_DELIVERY
0	Bryant Park	2018-01-01	373	0.0
1	Bryant Park	2018-01-02	789	0.0

幸运的是，该表中已经包含餐厅的名称。现在来看看每家餐厅出现的次数：♦

```
df_summarized_orders.RESTAURANT_NAME.value_counts()
```

```
Upper West Side      365
NYU                  365
Flatiron             365
Midtown              365
Williamsburg         365
Columbia             365
Upper East Side      355
Bryant Park          261
Name: RESTAURANT_NAME, dtype: int64
```

大多数餐厅在表格中出现了 365 次，这是我们所期望的，每家餐厅每一天的数据都会在表格中占据一行。那么如何解释上东区（Upper East Side）餐厅和布莱恩特公园餐厅的行数呢？

对于布莱恩特公园餐厅，我们注意到行数为 365 − 52 × 2 = 261。因为每年有 52 个周末，每个周末有两天，所以似乎布莱恩特公园餐厅周末不营业。那么，如何验证这是否属实呢？我们需要确保布莱恩特公园餐厅的数据排除了周末。不幸的是，我们还没学过相关方法，但很快本书就会介绍（参见 6.7.5 节）。

回顾一下我们刚刚经历的过程——首先运行 value_counts()函数，以查看数据是否合理。发现不一致之处后，提出可能导致不一致的情况，最后，提出一个方法用以验证我们的假设是否正确。这个过程是处理数据的基本部分，你可以将这种方法应用于你遇到的任何新数据集。

在本节结束之前，如何解释上东区餐厅只有 355 行？可以假设这家餐厅法定假日不营业，稍后我们将学习如何验证这一点。

6.5.2　描述数值列并绘制直方图

value_counts()函数非常有用，但并不适用于数值列。例如，对于摘要订单（df_summarized_orders）数据中的 NUM_ORDERS 列，对其运行 value_counts()：

```
df_summarized_orders.NUM_ORDERS.value_counts()
```

你会发现结果超过 797 行。实际上，可以使用 shape 得到确切的行数：♦

```
df_summarized_orders.NUM_ORDERS.value_counts().shape
```

```
(797,)
```

为什么会有这么多行？NUM_ORDERS 列可能包含许多不同的值，因为任何餐厅在任意一天可能会有许多订单数量，每个值都会占用 value_counts()序列中的一行。

对于这种情况，pandas 提供了一个 describe()函数，用于计算数值列的摘要统计信息：

```
df_summarized_orders.NUM_ORDERS.describe()
```

```
count     2806.000000
mean       850.756949
std        195.490367
min        200.000000
25%        739.000000
50%        833.000000
75%        949.000000
max       1396.000000
Name: NUM_ORDERS, dtype: float64
```

可以看到，NUM_ORDERS 列的平均值约为 851（每天 851 笔订单），标准差约为 195。如果你学过统计学课程，就应该知道在大多数情况下，订单数量位于平均值的两个标准偏差之内。这可以帮助迪格监控餐厅在任何一天的订单数量是否异常高或低。如果订单数量低于每天 461 笔或超过每天 1241 笔，则警报可能会响起。[2]

如果想要生成一张图表来描述数值列该怎么办？

第一种（也可能是最简单的）图表是箱线图，你可以按照以下方式生成：

```
df_summarized_orders.NUM_ORDERS.plot(kind='box')
```

```
<matplotlib.axes._subplots.AxesSubplot at 0x10d9de990>
```

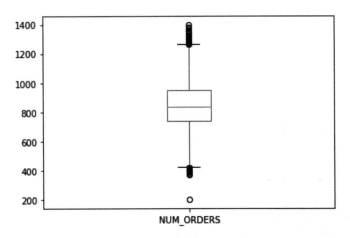

方框中间的水平线表示该列的中位数（在本例中略高于 800）。方框的上部和下部分别表示数据的上四分位数和下四分位数。两根从方框引出的延长线分别向两侧延伸一个半箱子的高度。最后，任何在延长线之外的点都是异常值，将单独绘制。

箱线图很有用，但我们可能需要更详细的图表来展示变量的实际分布。直方图正是我们需要的——它在 x 轴上绘制数值列的值，在 y 轴上绘制这些值出现的频率。试试这个：

```
df_summarized_orders.NUM_ORDERS.plot(kind=hist')
```

```
<matplotlib.axes._subplots.AxesSubplot at 0x131af09d0>
```

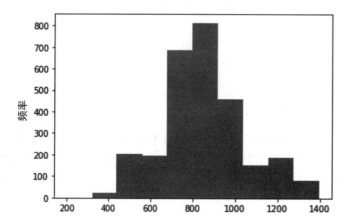

由上述图表可知，大多数时间销售量在每天 800 笔订单左右，有一些离群值分布在平均值的两侧。我们稍后会探讨这个问题。

为了获得更细粒度的直方图，可以使用 bins 参数控制直方图中柱的数量：♦

```
df_summarized_orders.NUM_ORDERS.plot(kind='hist', bins=30)
```

```
<matplotlib.axes._subplots.AxesSubplot at 0x121706b10>
```

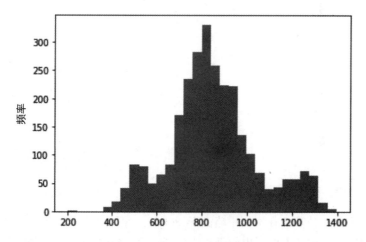

通过这张更细粒度的直方图，可以更清楚地看到，似乎有 3 "组"销售额：500 笔订单左右、800 笔订单左右，以及 1300 笔订单左右。你可能已经注意到这张直方图的 y 轴与上一张直方图的 y 轴具有不同的刻度——这张直方图中的数值要小得多，因为每个区间的高度仅包含了在该区间内的数据的数量。当区间变得更窄（参见上图）时，每个区间内包含的数据会变少，因此柱的高度会相应变矮。

这似乎不是最优的。如果不同的直方图具有截然不同的刻度，那么如何比较它们呢？幸运的是，可以通过向 plot() 函数传递 density=True 来改变刻度，使得所有柱的高度总和为 1：

```
df_summarized_orders.NUM_ORDERS.plot(kind='hist', density=True)
```

```
<matplotlib.axes._subplots.AxesSubplot at 0x1218a1790>
```

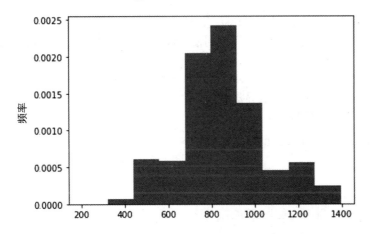

这使得不同的直方图可以互相比较。

你可能还想知道是否可以根据 PERC_DELIVERY 列（你应该记得，该列表示当天该商店的订单中外卖订单的百分比）进行类似的分析。如果是你，你将如何探索这个数据？ ◆

```
df_summarized_orders.PERC_DELIVERY.hist(bins=40)
```

```
<matplotlib.axes._subplots.AxesSubplot at 0x1218af690>
```

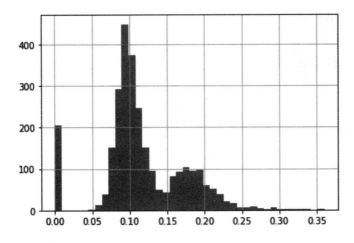

这张直方图提供了什么信息呢？首先，在 0.00 处有一个巨大的峰值——这意味着某些餐厅很多天没有外卖订单。另外还有两处数据聚集，一个在 0.10 附近，另一个在 0.17 附近。

此时，你可能会有很多问题：所有"零交付"的数据是否来源于相同的几家餐厅（某些餐厅是否不提供送餐服务）？外卖订单数量是否与天气有关？接下来的内容中将会回答这些问题。

你可能还想知道总订单与外卖订单之间是否存在联系。订单更多的日子也许有更多的外卖订单，或者更多的订单仅仅是因为顾客更多。可以使用**成对图**（pair plot）来验证这些猜想，如下所示：

```python
import seaborn as sns
sns.jointplot(x='NUM_ORDERS', y='PERC_DELIVERY',
              data=df_summarized_orders, kind='kde')
```

<seaborn.axisgrid.JointGrid at 0x1219d9a50>

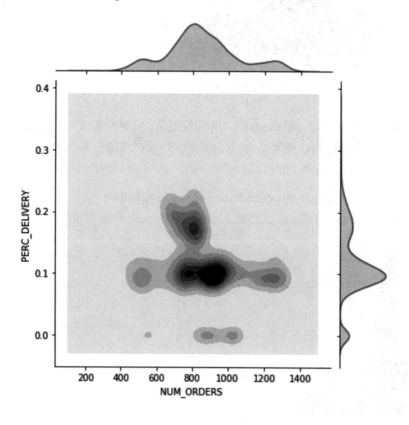

注意，要生成此图，必须导入 seaborn 库，该库为 Python 提供了高级绘图功能。边长上的图形是**密度图**，你可以将其看作前两张直方图的连续版本[3]，主图表示这两个变量的正相关性。图中任何灰度的深浅都表示该区域中点的多少。例如，图的右侧非常浅，这意味着几乎没有哪一天的订单数约为 1400，同时外卖订单比例约为 40%。

从这张图中可以发现什么？坦率地讲，很难说。你可以通过颜色最深的点得出结论，即餐厅每天大约有 900 笔订单，其中约 10%为外卖订单。但是很难得出更多可靠的结论，部分原因是很黑的点淹没了图的其余部分。

此示例引入成对图是想说明，要谨慎使用更复杂的图形可视化技术。可以说，可视化图形越复杂，就越难把它用好。当你查看前面的图时，能够准确描述 Python 是如何生成它的吗？什么决定了密度图的高度和宽度？如何计算轮廓之间的距离？如果想要更细粒度的图，该怎么办？你不理解的细节越多，出错的可能性就越大。相比之下，条形图和直方图更为简单。作为初学者，建议你遵循《哈利·波特与密室》中韦斯利先生（Mr. Weasley）的建议："如果你看不到它的大脑在哪里，就永远不要相信任何可以独立思考的东西。"如果不确定自己是否了解图形是如何生成的，那么使用前请三思。

6.5.3 聚合

到目前为止，本节中使用的每个函数都涉及以某种方式**聚合数据**——value_counts()函数和describe()函数会将它们各自列中的值组合起来，并以某种方式生成结果。

当然，还有许多其他的聚合数据的方式。以下是 pandas 中一些常用的聚合函数。[4]

- □ sum()：对列中的每个值求和。
- □ max()：查找列中的最大值。
- □ min()：查找列中的最小值。
- □ mean()：查找列中值的平均值。
- □ median()：查找列中值的中位数。
- □ std()：查找列中值的标准差。
- □ unique().tolist()：返回包含列中非重复元素的列表。

例如，可以使用以下代码找到迪格数据中平均每笔订单包含的饮料数量：◆

```
df_orders.DRINKS.mean()
```

```
0.09649031678635939
```

类似地，要在 df_summarized_orders 表中找到所有不同的餐厅，只需运行以下代码即可：

```
df_summarized_orders.RESTAURANT_NAME.unique().tolist()
```

```
['Bryant Park',
 'Columbia',
 'Flatiron',
 'Midtown',
 'NYU',
 'Upper East Side',
 'Upper West Side',
 'Williamsburg']
```

请注意，严格来说，并不需要在这个表达式的末尾使用 tolist()。unique()函数会返回一个**数组**——类似于 Python 中的列表。本书中不会介绍数组，而是将其转换为你更熟悉的列表。

这里还值得一提的是另一个有用的聚合函数 corr()——两个变量之间的相关性。（提醒一下，两个变量之间的相关性是介于 −1 和 1 之间的数值。0 表示两个变量之间不存在关系；正数表示当一个变量很高时，另一个变量也往往很高；负数表示当一个变量很高时，另一个变量往往很低。）它与前面的函数稍有不同，因为它使用两列（并找到它们之间的相关性）而不是一列。下面的代码片段演示了如何使用此函数：

```
df_summarized_orders.NUM_ORDERS.corr(
    df_summarized_orders.PERC_DELIVERY)
```

```
−0.1966740921641795
```

你可能想知道是否可以只聚合数据框中的部分数据。例如，你可能希望找到每家餐厅而不是每笔订单的平均饮料数量。pandas 能够执行这类分组聚合操作，第 8 章将详细介绍。

6.6 过滤数据框

介绍完如何理解数据框，本节将介绍另一个关键操作——**过滤**数据框。例如，你可能只想将 value_counts()应用于某家特定餐厅的订单。这就需要先将 df_orders 过滤为只包含该餐厅的订单，然后运行 value_counts()。

过滤实际上非常简单。只需要创建一个仅包含 True/False 的列表，列表的行数和数据框相同：要保留的行用 True 表示，否则为 False。然后在数据框名称之后将此列表放在方括号之内。例如：

```
df_students[ [True, True, False, False, True, False, False, False, True] ]
```

	FIRST_NAME	LAST_NAME	YEAR	HOME_STATE	AGE	CALC_101_FINAL
0	Linda	Thiel	4	CA	22	60.0
1	Rachel	Crock	1	FL	17	NaN
4	Daniel	Smith	1	NY	18	90.0
8	Kavita	Kanabar	1	PA	19	NaN

请注意，这将返回一个新的数据框，其中包含原始数据框中的第 1 行、第 2 行、第 5 行和第 9 行。

以下是需要注意的几点。

❑ 查看结果表中的行索引，你会注意到行索引没有被重置。每一行保留了它在原始数据框中的行索引。如果这不是你想要的，那么可以使用 reset_index(drop=True)。

❑ 有时 pandas 对不同的东西会使用相同的符号。在这种情况下，在数据框之后放置的方括号可能包含以下内容。

  ➤ 如果方括号包含一个字符串（如 df_orders['DRINKS']），那么 pandas 将返回一个对应于该列的序列。

  ➤ 如果方括号包含一个列表（如 df_orders[['DRINKS', 'COOKIES']]），那么 pandas 将返回一个包含列表中列的数据框。

  ➤ 如果方括号包含一个 True/False 值的列表（如前面的示例），那么它将返回一个过滤后的数据框。

  ➤ 使用[ ]符号的其他方式可能会导致不必要的混淆，因此我们在这里不做讨论。

❑ 上述操作不直接修改数据框，只是返回一个过滤后的版本。

就是这样了！我们已经成功过滤了一个数据框。

当然，使用这个方法的前提是能够创建一个符合要求的 True/False 值列表。例如，要筛选出哥伦比亚餐厅的订单，就需要一个列表，如果行中的订单是在哥伦比亚餐厅，那么值就为 True，否则为 False。现在可能有点儿抽象，学完 6.7.3 节后将更容易理解。

6.7 列操作

在 6.5 节中，我们学习了用 pandas 理解数据。我们讨论的每个操作都涉及**聚合**——将列中的每个值组合起来以获得某种结果。

本节会介绍应用于每一行的操作。例如，应如何为每行添加 1、将每行乘以 5，或在每行中搜索特定字符串？这些操作对我们后面的分析很重要。

6.7.1　算术运算

算术运算是数值列操作中最常用的。在这方面，pandas 几乎完全复制了 Python 的表示方法，你可以将 pandas 序列（列）视为一个单独的数值，然后对其进行相应的操作。

假设迪格按 100 个一包购买食品专用纸碗。如果你想计算每家餐厅每天使用了几包纸碗，那么可以运行以下代码：◆

```
(df_summarized_orders.NUM_ORDERS / 100).head()
```

```
0    3.73
1    7.89
2    8.18
3    7.82
4    7.19
Name: NUM_ORDERS, dtype: float64
```

（请注意，这里使用了 head()以确保结果不会占据屏幕太多空间。）

除了在列和数值之间执行算术运算，还可以在列与列之间执行相关操作。假设你想找出每笔订单中"额外商品"（饼干或饮料）的总数，那么可以执行以下操作：◆

```
(df_orders.COOKIES + df_orders.DRINKS).head()
```

```
0    3.0
1    0.0
2    2.0
3    1.0
4    0.0
dtype: float64
```

再举一个例子，假设你想计算每家餐厅每天的非外卖订单数量，那么就需要将订单数量乘以非外卖订单的比例，如下所示：◆

```
(df_summarized_orders.NUM_ORDERS *
    (1 - df_summarized_orders.PERC_DELIVERY)).head()
```

```
0    373.0
1    789.0
2    818.0
3    782.0
4    719.0
dtype: float64
```

与标准 Python 相比，pandas 不只支持数值运算。正如你可以在 Python 中调用 sum()来组合两个字符串一样，你也可以在 pandas 中执行相同的操作。假设你想创建一个新的序列，包含每笔订单的唯一标识，后跟冒号，再跟订单类型（如 O1279827:PICKUP），那么可以执行以下操作：◆

```
(df_orders.ORDER_ID + ':' + df_orders.TYPE).head()
```

```
0      O1820060:IN_STORE
1      O1011112:IN_STORE
2       O752854:DELIVERY
3        O2076864:PICKUP
4      O1988898:IN_STORE
dtype: object
```

这个操作将 ORDER_ID 列与包含冒号的单个字符串组合，然后再与 TYPE 列组合。

（请注意，如果你试图对两个不同数据集的列执行此操作，那么可能会有点儿棘手，7.6 节将讨论此问题。）

6.7.2　缺失值

让我们回忆一下 df_students 是什么样子：

```
df_students.head()
```

	FIRST_NAME	LAST_NAME	YEAR	HOME_STATE	AGE	CALC_101_FINAL
0	Linda	Thiel	4	CA	22	60.0
1	Rachel	Crock	1	FL	17	NaN
2	Bob	McDonald	1	FL	18	98.0
3	Jane	OConner	2	HI	19	NaN
4	Daniel	Smith	1	NY	18	90.0

观察 CALC_101_FINAL 列，你会注意到有些值是 NaN（这是 pandas 表示缺失值的方式）。对于某些特定的学生，在该列中不存在任何值，这可能是因为他们没有上这门课。

如果试图对具有缺失值的列进行算术运算，那么会发生什么？就像你所想的那样，如果有任何一个值缺失，那么结果也将是缺失值。考虑以下示例：

```
df_students.CALC_101_FINAL + df_students.ENGLISH_101_FINAL
```

```
0      100.0
1        NaN
2      163.0
3        NaN
4      170.0
5        NaN
6        NaN
7      120.0
8        NaN
dtype: float64
```

第 0、2、4 和 7 行都有微积分成绩和英语成绩，因此它们在结果序列中有对应的值。其余的行在其中一个序列或同时在两个序列中存在缺失值，因此在最终的结果中显示为缺失值。

如果想以不同的方式处理这些缺失值（比如将它们视为零处理），那该怎么办？pandas 中的 fillna() 函数允许我们填充缺失值。回想一下 CALC_101_FINAL 列的内容：

```
df_students.CALC_101_FINAL
```

```
0       60.0
1        NaN
2       98.0
3        NaN
4       90.0
5       80.0
6        NaN
7       70.0
8        NaN
Name: CALC_101_FINAL, dtype: float64
```

现在，考虑下面的代码：

```
df_students.CALC_101_FINAL.fillna(0)
```

```
0       60.0
1        0.0
2       98.0
3        0.0
4       90.0
5       80.0
6        0.0
7       70.0
8        0.0
Name: CALC_101_FINAL, dtype: float64
```

每个缺失值都被替换为了 0。

因此，如果想执行先前的求和，则要先将每个缺失值替换为 0。可以运行以下代码：

```
df_students.CALC_101_FINAL.fillna(0) + (
    df_students.ENGLISH_101_FINAL.fillna(0) )
```

```
0    100.0
1     60.0
2    163.0
3      0.0
4    170.0
5     80.0
6      0.0
7    120.0
8      0.0
dtype: float64
```

还有一个函数 isnull()，它会返回与原始序列长度相同的序列，并且当相应值缺失时表示为 True，否则为 False。例如：

```
df_students.CALC_101_FINAL.isnull()
```

```
0    False
1     True
2    False
3     True
4    False
5    False
6     True
7    False
8     True
Name: CALC_101_FINAL, dtype: bool
```

notnull()函数则相反：

```
df_students.CALC_101_FINAL.notnull()
```

```
0     True
1    False
2     True
3    False
4     True
5     True
6    False
7     True
8    False
Name: CALC_101_FINAL, dtype: bool
```

有两种情况会使用 notnull() 而不是 isnull()。一种情况是 6.6 节中所介绍的，由 True/False 值组成的序列可以用于过滤数据框。如果只想保留那些具有非空 CALC_101_FINAL 值的行，那么可以这样做：♦

```
df_students[df_students.CALC_101_FINAL.notnull()]
```

	FIRST_NAME	LAST_NAME	YEAR	HOME_STATE	AGE	CALC_101_FINAL
0	Linda	Thiel	4	CA	22	60.0
2	Bob	McDonald	1	FL	18	98.0
4	Daniel	Smith	1	NY	18	90.0
5	Ben	Leibstrom	1	NY	19	80.0
7	Omar	Reichel	2	OK	21	70.0

注意，前面介绍过，这样所生成的数据框保留了原始索引。

另一种情况是需要将序列值相加时。当你对包含 True/False 值的序列求和时，pandas 会将所有 True 值解释为 1，将所有 False 值解释为 0。例如，要找到 CALC_101_FINAL 列中非空条目的数量，可以执行以下操作：

```
df_students.CALC_101_FINAL.notnull().sum()
```

5

如何利用这种方法找到数据集中**包含纸碗的订单总数**？包含纸碗的订单在 MAIN 列中值非空。因此，可以尝试这样做：♦

```
df_orders.MAIN.notnull().value_counts()
```

```
True      2275639
False      111585
Name: MAIN, dtype: int64
```

超过 200 万份订单是包含纸碗的，约 10 万份订单是不包含纸碗的。

请注意，也可以先将数据框筛选出包含纸碗的行，然后再计算结果中的行数。

```
df_orders[df_orders.MAIN.notnull()].shape
```

```
(2275639, 10)
```

6.7.3　逻辑运算

接下来要介绍的操作是**逻辑**运算。这些操作将返回与原始序列相同长度的序列。对于其中的每个条目，如果满足某个条件就为 True，否则为 False。

前面刚刚介绍过一个类似的例子——isnull()函数。3.3 节中的所有比较操作都可以实现类似的功能。假设你想检查每笔订单是否包含饮料，那么可以执行以下操作：

```
(df_orders.DRINKS >= 1).head()
```

```
0     True
1     False
2     False
3     True
4     False
Name: DRINKS, dtype: bool
```

回看原始表格，你会发现第 1 行和第 4 行有饮料，其他行则没有。

类似地，执行以下操作可以确定每笔订单是否恰好有两杯饮料：

```
(df_orders.DRINKS == 2).head()
```

```
0     False
1     False
2     False
3     False
4     False
Name: DRINKS, dtype: bool
```

回看原始表格（df_orders），你会发现确实前几行中没有一笔订单正好包含两杯饮料。

此时，你可能会高兴得手舞足蹈。利用这些功能，你可以开始对数据框进行更有趣的过滤。如果你想将数据框过滤成只包含饼干的订单，那么可以执行以下操作：♦

```
df_orders[df_orders.COOKIES > 0].head()
```

	ORDER_ID	DATETIME	RESTAURANT_ID	TYPE	DRINKS	COOKIES
0	O1820060	2018-10-11 17:25:50	R10002	IN_STORE	1.0	2.0
2	O752854	2018-04-21 18:12:57	R10001	DELIVERY	0.0	2.0
27	O1566571	2018-09-02 18:01:47	R10006	IN_STORE	1.0	1.0
33	O902238	2018-05-14 13:10:44	R10008	IN_STORE	0.0	1.0
44	O1085575	2018-06-11 21:11:04	R10004	IN_STORE	0.0	1.0

类似地，要找到包含饼干的订单**数量**，可以采用以下两种方法之一：一种是找到过滤后数据框的行数，另一种是找到 True/False 序列的总和：♦

```
df_orders[df_orders.COOKIES > 0].shape
```

```
(476507, 10)
```

```
(df_orders.COOKIES > 0).sum()
```

```
476507
```

同样，要找到恰好有两杯饮料的订单的百分比，可以执行以下操作：♦

```
(df_orders.DRINKS == 2).value_counts(normalize=True)
```

```
False      0.988726
True       0.011274
Name: DRINKS, dtype: float64
```

只有约 1.1%的订单恰好包含两杯饮料。

除了执行简单的比较，还可以将条件组合起来。假设你想找到至少有一杯饮料和**恰好**有两块饼干的订单的百分比。前一个条件使用 df_orders.DRINKS >= 1，后一个条件使用 df_orders.COOKIES == 2。但是，如何将它们组合起来呢？你可能会想到 and 运算符。与标准 Python 符号不同，pandas 会使用&符号代替 and 操作。因此，在这种情况下，正确的代码是这样的：

```
( ((df_orders.DRINKS >= 1) & (df_orders.COOKIES == 2))
                  .value_counts(normalize=True) )
```

```
False      0.995318
True       0.004682
dtype: float64
```

满足条件的订单约占总订单的 0.5%。（接下来的"常见的 bug"中会解释为什么语句的两个部分必须用括号括起来。）

如何找到至少有一杯饮料或恰好有两块饼干的订单的百分比？你可能会想使用 or 运算符，但同样，pandas 在这里稍有不同，它会使用|符号。因此，正确的代码如下所示：

```
( ((df_orders.DRINKS >= 1) | (df_orders.COOKIES == 2))
                  .value_counts(normalize=True) )
```

```
False      0.866356
True       0.133644
dtype: float64
```

可以看到约 13.36%的订单满足条件。

常见的 bug

Python 初学者经常遇到的一个 bug 是忘记在多个逻辑语句周围加上正确数量的括号。例如，尝试运行以下代码：

```
( (df_orders.DRINKS >= 1 & df_orders.COOKIES == 2)
                    .value_counts(normalize=True) )
```

仔细对比正文中的代码，你会发现缺少了两组括号。该语句将会报错，并且错误信息让人完全无法理解。实际上，Python 首先评估了&运算符，因此它将前一行代码理解为如下形式：

```
( (df_orders.DRINKS >= (1 & df_orders.COOKIES) == 2)
                    .value_counts(normalize=True) )
```

当然，这毫无意义，因此 Python 会报错。如果你在使用&运算符或|运算符时遇到了难以理解的错误，请检查每个独立语句周围是否有括号。

6.7.4 isin()函数

在 6.7.3 节中，我们学习了如何检查每个条目是否等于特定值。本节将介绍另一个常见的操作——检查每个条目是否属于多个值之一。当然，你可以使用多个|符号来实现这一点，但这会相当烦琐。如果你想要检查餐厅的唯一标识是不是 R10001（哥伦比亚餐厅）或 R10002（中城餐厅），那么可以这样做：

```
((df_orders.RESTAURANT_ID == 'R10001') |
    (df_orders.RESTAURANT_ID == 'R10002')).head()
```

```
0       True
1       False
2       True
3       False
4       False
Name: RESTAURANT_ID, dtype: bool
```

isin()函数可以一次性完成以上所有操作，如下所示：

```
df_orders.RESTAURANT_ID.isin(['R10001', 'R10002']).head()
```

```
0        True
1       False
2        True
3       False
4       False
Name: RESTAURANT_ID, dtype: bool
```

只需将列表传递给 isin()函数，它就会检查序列中的每个条目的值是否包含在该列表中。这类似于 Python 中的运算符 in（参见 3.3.7 节）。

6.7.5　日期时间列

在第 5 章中，我们花了很多工夫将包含日期和时间的列进行了正确的格式化。你即将感受到这项工作的好处。

开始之前，值得一提的是，日期对处理数据的人们来说不太友好，原因是它们很难处理。让一个数据科学家变得崩溃的最快方法是给他一个包含多个不同时区日期的数据集。好消息是，用 pandas 处理日期非常简单。你唯一需要记住的是，pandas 中所有日期时间功能都是通过 dt 进行访问的。

本节将通过一些具体的业务问题来进行实践。特别是，我们将回答以下问题。

(1) 某些工作日比其他工作日更繁忙吗？工作日的销量会比节假日更高还是更低？

(2) 一年中的订单模式如何变化？夏季的销量比冬季更高还是更低？

(3) 如何找出某一天的销售额？

下面开始吧。在 pandas 中，你可以对 DATETIMES 做的第一件（也是最简单的）事是提取时间戳的特定部分。假设你想找到每笔订单下单的分钟数，那么可以这样做：

```
df_orders.DATETIME.dt.minute.head()
```

```
0        25
1        35
2        12
3        50
4        37
Name: DATETIME, dtype: int64
```

查看原始数据框，你会发现结果是正确的。任何时间戳的部分都可以以这种方式提取，包括年、月、日、时、分和秒。就目前来说这并不是什么特别突出的功能，快速尝试一下就可以了。

pandas 真正擅长的是提取关于日期的更复杂的信息。以下是一些更有用的示例。

□ dt.weekday 会返回一周中的 0（星期一）到 6（星期日），比如 df_orders.DATETIME.dt. weekday。你还可以使用 day_name()，它会返回一周中某天的名称（注意，它需要括号，而 weekday 不需要）。

□ weekofyear 和 dayofyear 会分别返回自年初以来的周数和天数。

□ quarter 会返回日期所属的季度。

□ normalize()会返回时间戳，但时间设置为 00:00am，比如"January 1, 2019, 1:20pm"的时间戳将转换为"January 1, 2019, 12:00am"。当你想按天合并所有订单时，这可能很有用。

当你将这些函数与之前讨论过的方法结合使用时，它们是非常有用的。为了回答第一个问题并找到每周的销售模式，请看下面的内容：◆

```
( df_orders.DATETIME.dt.weekday.value_counts()
            .sort_index().plot(kind='bar') )
```

`<matplotlib.axes._subplots.AxesSubplot at 0x132ce2b90>`

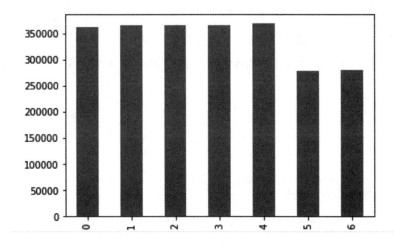

顺便提一下，可以看到我们已经开始在一个单独的 Python 语句中做很多事情。例如，在这里，我们访问 DATETIME 列，从中提取工作日，调用 value_counts()，进行排序以确保从星期一开始到星期日结束，然后绘制图表。在一个 Python 语句中完成这么多操作会产生强大而优美的代码，但如果你发现自己被这些较长的语句搞糊涂了，那么请逐个评估语句的每个部分，并查看其功能。在这种情况下，你可能需要首先运行 df_orders.DATETIME，然后运行 df_orders.DATETIME. dt.weekday，最后运行 df_orders.DATETIME.dt.weekday.value_counts()，直到重新创建了完整的语句。

上述图表应该能清楚地说明日销售额在一周内大致保持不变，但周末显著降低。

下面来考虑第二个问题：订单是否会在夏季达到高峰？或者说，人们是否会在冬季被迪格的食品所吸引？你会如何做呢？◆

```
( df_orders.DATETIME.dt.weekofyear.value_counts()
                .sort_index().plot(kind='bar') )
```

```
<matplotlib.axes._subplots.AxesSubplot at 0x1250a2e10>
```

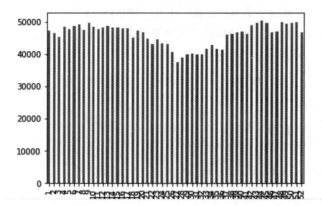

上述代码首先提取了每个日期所在年份的周数，然后找到了每周的订单总数。同样，你可以逐个尝试每个语句以理解它们的作用。可以清楚地看到，在第 20 周到第 30 周（夏季中期）订单最少，冬季则订单较多。[5]

尽管上述图表完成了任务，但它看起来有点儿奇怪——许多柱挤在一起，y 轴从 0 开始，很难看到变化。为了解决这个问题，可以使用一种不同类型的图表——折线图。为了获得这张图表，只需改变 kind 参数：

```
(df_orders.DATETIME.dt.weekofyear.value_counts()
                .sort_index().plot(kind='line'))
```

```
<matplotlib.axes._subplots.AxesSubplot at 0x1320c1790>
```

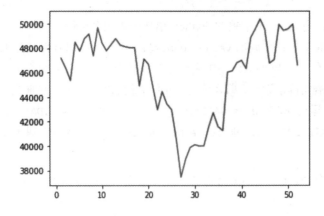

请注意，y 轴不再从 0 开始，这样折线的变化更明显，相比条形图更易于阅读。

这里要考虑的最后一个问题是使用日期的逻辑，可以通过示例来说明，考虑以下语句：[6]

```
(df_orders.DATETIME> ='2018-06-01').head()
```

```
0       True
1      False
2      False
3       True
4       True
Name: DATETIME, dtype: bool
```

这会产生一个序列，如果该行中的日期在 2018 年 6 月 1 日之后，就为 True，否则为 False。

这个特性不像你期望的那样适用于寻找特定日期的所有订单的情况。例如，要查找 2018 年 6 月 1 日下单的订单数量，你可能会尝试执行以下操作：

```
(df_orders.DATETIME == '2018-06-01').sum()
```

```
0
```

为什么结果为 0？当 pandas 将==右侧的字符串转换为 DATETIME 时，它需要确定要使用什么时间。因为没有提供时间，所以它只能使用 00:00am。因此，先前的语句计算了准确发生在 2018 年 6 月 1 日零点零分的订单数量。毫不奇怪，结果为 0!

你能想出正确的做法吗？（提示：回顾一下 dt.normalize()函数的作用。）◆

```
(df_orders.DATETIME.dt.normalize() == '2018-06-01').sum()
```

```
6748
```

normalize()函数将日期中的时间设置为 00:00am，因此现在==可以正确工作了。你也可以执行以下操作：

```
( (df_orders.DATETIME >= '2018-06-01') &
  (df_orders.DATETIME < '2018-06-02')).sum()
```

```
6748
```

这将找到在 2018 年 6 月 1 日零点零分和 2018 年 6 月 2 日零点零分之间的订单数量，结果与上述语句相同。

6.7.6　字符串列

在第一部分中，我们讨论了可以在字符串上执行的许多操作，例如，可以将它们变成大写或小写，或提取它们的某些部分。这里讨论如何在 pandas 序列而不是单个值上执行这些操作。首先要知道的是，就像所有日期函数都隐藏在 dt 关键字后面一样，字符串函数也隐藏在 str 关键字后面。

下面来看一个简单的函数 upper()，它可以将文本序列转换为大写：

```
df_items.ITEM_NAME.str.upper().head()
```

```
0              FARRO WITH SUMMER VEGETABLES
1                        SPINDRIFT LEMON
2                      CLASSIC BROWN RICE
3                                KOMBUCHA
4       CAULIFLOWER WITH GARLIC AND PARMESAN
Name: ITEM_NAME, dtype: object
```

类似地，lower()函数可以将文本序列转换为小写。

现在，假设你想要找到包含"lemon"一词的菜品数量，那么可以执行以下操作：

```
(df_items.ITEM_NAME.str.lower().str
        .contains('lemon').sum())
```

```
3
```

请仔细研究这个语句，其中包含了很多操作。在第 1 行代码中，我们将 ITEM_NAME 列的所有值转换为小写，这是为了确保能够捕捉到每个含有大写字母或小写字母的单词。请注意，此操作将返回一个序列，因此为了再次访问字符串函数，需要再次使用 str 关键字。然后，调用 contains()函数来查找单词"lemon"（确保使用小写字母，因为序列中的每个字符串已被转换为小写字母）。此函数会返回一个序列，如果对应的 ITEM_NAME 包含"lemon"就是 True，否则是 False。最后，对它们求和，可以找到总共 3 个菜品包含这个单词。

现在考虑一下访问部分字符串。如 3.5.3 节所述，我们可以使用"Hello"[1:4]来访问字符串中的第二个字符、第三个字符和第四个字符。你可以通过在 str 关键字后简单地使用方括号来为序列中的每一行执行相同的操作，例如：

```
df_items.ITEM_NAME.str[1:4].head()
```

```
0    arr
1    pin
2    las
3    omb
4    aul
Name: ITEM_NAME, dtype: object
```

　　这个操作有什么用呢？每笔订单的唯一标识都以字母"O"开头。当你检查数据的质量时，你可能希望没有例外：♦

```
df_orders.ORDER_ID.str[0].value_counts()
```

```
O     2387224
Name: ORDER_ID, dtype: int64
```

　　首先，提取每个字符串中的第一个字符，然后找到其具有的每个可能值。值得庆幸的是，这里唯一的选项是"O"，因为每个唯一标识都以"O"开头。

　　3.5.2 节中研究的最后一个操作是拆分字符串，你可能想将这个操作应用于序列。假设出于某种原因，你想要分离每个项目名称中的每个单词，那么可以执行以下操作：

```
df_items.ITEM_NAME.str.split(' ').head()
```

```
0             [Farro, with, Summer, Vegetables]
1                          [Spindrift, Lemon]
2                       [Classic, Brown, Rice]
3                                  [Kombucha]
4    [Cauliflower, with, Garlic, and, Parmesan]
Name: ITEM_NAME, dtype: object
```

　　可以再次使用 str 关键字访问每个单词。例如，可以按如下方式找到每个菜品名称中的第二个单词：

```
df_items.ITEM_NAME.str.split(' ').str[1].head()
```

```
0     with
1    Lemon
2    Brown
3      NaN
4     with
Name: ITEM_NAME, dtype: object
```

　　请注意，该序列中的第四个项目为 NaN（缺失值），因为该菜品名称仅包含一个单词。因此，在该菜品名称中查找第二个单词将返回缺失值。

6.7.7　apply()函数

　　apply()函数可以接收任何你定义的函数，并逐行将其应用于整个序列。

　　下面来考虑一个简单的例子：判断每笔订单是否在哥伦比亚餐厅（R10001）下单。可以执行以下操作：

```
(df_orders.RESTAURANT_ID == 'R10001').head()
```

```
0      False
1      False
2       True
3      False
4      False
Name: RESTAURANT_ID, dtype: bool
```

假设你定义了一个名为 is_columbia() 的函数：

```
def is_columbia(restaurant_id):
    return restaurant_id == 'R10001'

is_columbia('R10001')
```

```
True
```

最后一行代码用于测试你的函数，如果餐厅是 Columbia，那么它应该返回 True，否则返回 False。

然后，可以通过将此函数应用于 RESTAURANT_ID 列中的每一行来执行相同的操作：

```
df_orders.RESTAURANT_ID.apply(is_columbia).head()
```

```
0      False
1      False
2       True
3      False
4      False
Name: RESTAURANT_ID, dtype: bool
```

太神奇了！函数已自动应用于序列中的每一行。顺便说一下，在使用 apply() 时，不需要在作为参数的函数名称后加括号。

此时，你可能会想为什么不一直使用 apply()？为什么要在前面学习那么多函数，而不是直接定义想要的函数，并使用 apply() 调用它？

事实证明，apply()的速度几乎总是比对应的 pandas 操作慢得多。可以通过在单元格开头添加%%time 指令来计算 Jupyter Notebook 中单元格运行所需的时间。在这种情况下，可以这样做：

```
%%time
df_orders.RESTAURANT_ID.apply(is_columbia).head()

CPU times: user 378 ms, sys: 16.7 ms, total: 395 ms
Wall time: 395 ms

0    False
1    False
2     True
3    False
4    False
Name: RESTAURANT_ID, dtype: bool
```

你会发现它需要 395 毫秒（1 毫秒 = 0.001 秒）的时间来运行（当你运行它时，时间可能会有所不同）。现在尝试一下不使用 apply()的情况：

```
%%time
(df_orders.RESTAURANT_ID == 'R10001').head()

CPU times: user 161 ms, sys: 1.29 ms, total: 162 ms
Wall time: 164 ms

0    False
1    False
2     True
3    False
4    False
Name: RESTAURANT_ID, dtype: bool
```

你会发现它只需要 162 毫秒的时间来运行。与使用 apply()相比，速度提升了将近 3 倍。当操作达到毫秒级别时，这样的差距并不重要，你甚至注意不到这个运行时间差异。但是如果将这些语句嵌入循环中，或者在更大的数据集上运行它们，则可能导致立即得到答案和必须等待一整晚的差异。

除了在序列上使用 apply()，还可以在完整的数据框上使用它。考虑以下例子（注意：这将需要超过一分钟的时间来运行）：

```
%%time
def total_extras(row):
    return row.COOKIES + row.DRINKS

df_orders.apply(total_extras, axis=1).head()
```

```
CPU times: user 2min 13s, sys: 2.17 s, total: 2min 16s
Wall time: 2min 53s

0    3.0
1    0.0
2    2.0
3    1.0
4    0.0
dtype: float64
```

来看一下最后一行代码，这里直接在数据框上使用了 apply()函数。请注意，你需要给函数提供一个 axis 参数。

❑ 如果 axis=1，那么函数将循环遍历每一行，将每一行都取出来并传递给 total_extras()函数。这就是这里所做的——每次调用函数，它都会获取一行代码。

❑ 如果 axis=0，那么函数将循环遍历每一列，将每一列都取出来并传递给函数 total_extras()。想要找到每一列的平均值时就可以这样做。在这个例子中，这显然不是你想要做的事情。

函数本身非常简单。对于每一行，它只是将该行中的饼干和饮料数量相加。请注意，这个操作需要整整 136 秒才能完成。[事实上，这需要的时间太长了，如果重新运行 Jupyter Notebook，你可能想把这行代码注释掉（在它前面加上#），这样它就不会花费太长时间运行了。]

你可能会想知道，如果直接做加法会花费多长时间。下面来看一下：

```
%%time
(df_orders.COOKIES + df_orders.DRINKS).head()
```

```
CPU times: user 12.9 ms, sys: 11.4 ms, total: 24.3 ms
Wall time: 16.4 ms

0    3.0
1    0.0
2    2.0
3    1.0
4    0.0
dtype: float64
```

这一次只花了约 24 毫秒。换句话说，几乎快了一万倍！

总结一下，应尽可能使用内置函数。在极少数无法使用内置函数的情况下，apply()是一个强大的工具。

lambda 函数

还有一种定义函数的方式称为 **lambda 函数**，将之与 apply()一起使用效果非常好。lambda 函数不会引入任何新的功能，它只是提供了一种更短、更优雅的方式来定义单行函数。这里介绍 lambda 函数的目的是确保你在看到其他人的代码时能够理解它。

回想一下我们用来定义 total_extras()函数的代码：

```
def total_extras(row):
    return row.COOKIES + row.DRINKS
```

以下是定义此函数的另一种方式：

```
total_extras = lambda row : row.COOKIES + row.DRINKS
```

这确实是目前为止我们不能理解的，因此我们一步一步来解析一下。

(1) lambda 关键字告诉 Python 我们将定义一个单行函数。

(2) 函数的参数名称（在这种情况下只有 row）跟随其后。如果有多个参数，则需要用逗号分隔。

(3) 这些参数后面跟着一个冒号。

(4) 编写希望函数返回的表达式。

最令人困惑的是，这里将整个内容赋值给了变量 total_extras。这样一来，变量 total_extras 就是一个函数了，并且可以像用第一种方法定义的函数那样使用。

这可能很有用，因为它允许我们以一行代码运行整个 apply()序列，如下所示：

```
df_orders.apply(lambda row: row.COOKIES
                          + row.DRINKS, axis=1).head()

0    3.0
1    0.0
2    2.0
3    1.0
4    0.0
dtype: float64
```

不需要定义这个函数，可以直接将一个 lambda 函数传递给 apply()。

我们不期望你能通过这个简单的介绍掌握 lambda 函数，只是希望当你在其他人的代码中看到这样的东西时，至少能够知道它大概是什么意思。

6.8　编辑数据框

你可能已经注意到了，目前为止我们的讨论都集中在操作一个已有的数据框上。除了一两个例子，我们对于编辑或者修改一个数据框几乎没有涉及。如果你是 Excel 软件的资深用户，那么对你来说这就有些奇怪了——编辑一个单元格几乎是 Excel 软件中最自然的操作（只需在一个单元格中输入即可），然而我们甚至还未涉及这种操作。

部分原因是当你使用 pandas 时，通常情况下数据集是非常巨大的，比如迪格的数据集。在这种情况下，编辑这些数据集实际上没有多大意义。这些数据集通常是从数据库中获得的，人们更感兴趣的是对这些数据集进行**分析**。

无论如何，在某些情况下，你会需要编辑一个数据框，本节将对此进行讨论。

6.8.1　添加列

首先，可以在一个数据框上做的最简单的编辑操作可能就是增加一列了。假设你想要在 df_orders 中增加一列。如果该订单包含饮料这一列的值，那么就为 True，否则为 False。

这里需要获取一个放置这个新列的序列。根据 6.7.3 节中讨论的内容，可以用 df_order.DRINKS > 0 来生成它。把它添加到数据中是一件非常容易的事，只需引用左边的列并且让它等于你期望它包含的序列即可：

```
df_orders['HAS_DRINK'] = (df_orders.DRNIKS > 0)
```

这跟在字典里创建一个新的键–值对类似。

关于这一点，有一个至关重要的警告：这里只能用方括号，如果用点号来增加一个新列，比如 df_orders.HAS_DRINK = (df_orders.DRINKS > 0)，那么这一列就加不上去。

6.8.2　删除列

删除列同样简单，用 drop() 函数加上列名即可。如果想要删除 HAS_DRINK 这一列，那么可以像下面这么做。

```
df_orders = df_orders.drop(columns='HAS_DRINK')
```

请看如下 3 个小注释。

- 应用等号（=）右边的函数并不会改变数据框——它仅仅是返回一个没有 HAS_DRINK 列的新数据框。你需要通过让 df_orders 等于该函数来"保存"这个结果。
- drop('HAS_DRINK') 不会工作，你必须使用 columns 来指定列名。

❑ 如果想要删除多列，则可以把一个列表添加到 columns 后面作为参数。

6.8.3 编辑整列

编辑整列也非常简单，甚至可能都不需要用单独的章节来阐述。假设你想要把 df_summarized_orders 里面的 NUM_ORDERS 列替换成同样的数据除以 10，那么可以这么做：

```
df_summarized_orders['NUM_ORDERS'] =(
        df_summarized_orders.NUM_ORDERS / 10 )
```

这里简单地用新的值"覆盖"了已经存在的列。可以用以下代码逆转这个操作：

```
df_summarized_orders['NUM_ORDERS'] =(
        df_summarized_orders.NUM_ORDERS * 10 )
```

注意：当**编辑**一列（而不是增加一列）时，点号确实在等号的左侧起作用。

6.8.4 编辑数据框中特定的值

我们把最复杂的部分留到最后：如何在一个数据框中编辑特定的值（类似于在 Excel 的一个单元格里做输入）呢？

让我们从一个简单的例子开始。假设你想要往 df_summarized_order 这个数据框中加入一个名为 ORDER_VOLUME 的新列。如果一天内累计的订单数少于 600，那么这列的内容就是"LOW"；如果是在 600 和 1200 之间，那么内容就是"MEDIUM"；否则就是"HIGH"。

完成这项任务的步骤如下。

(1) 创建一列，内容是"HIGH"。

(2) 把每日订单数少于 1200 的值都改成"MEDIUM"。

(3) 把每日订单数少于 600 的值都改成"LOW"。

第(1)步相对简单，可以这样来完成：

```
df_summarized_orders['ORDER_VOLUME'] = 'HIGH'
```

第(2)步或许可以这么做：

```
df_summarized_orders[df_summarized_orders.NUM_ORDERS
            <= 1200]['ORDER_VOLUME'] = 'MEDIUM'
```

这个语句背后的逻辑是首先在数据框中过滤出每日订单数少于 1200 的行，然后把这些行的 ORDER_VOLUME 列的值改成"MEDIUM"。不过为什么这不起作用呢？

原因有一点点微妙。在这种操作下，当你过滤这个数据框时，pandas 会在内存中创建一个数据框的**副本**并把这个副本返回给你——它并不是原来的那个数据框。这个副本实际上是一个完全不同的对象。所以当你选中 ORDER_VOLUME 这一列并且把值设成 "MEDIUM" 的时候，它只是把这个操作应用在了这个**副本**而不是原来的那个数据框上，原来的数据框并没有被改变。[7]

在 pandas 上尝试运行之前的代码。还好，pandas 返回了一个丑陋的错误消息。这个错误消息如下所示：

```
A value is trying to be set on a copy of a slice from a DataFrame.
```

这是 pandas 在告诉你，你正试图在一个数据框的**副本**上做数据修改。

那应该怎么解决这个问题呢？pandas 引入了一个 loc 关键字，这个关键字可以让你对一个数据框同时做过滤和修改。所以前面的 Python 语句的正确版本如下所示：

```
df_summarized_orders.loc[df_summarized_orders.NUM_ORDERS
            <= 1200, 'ORDER_VOLUME'] = 'MEDIUM'
```

当你运行 loc 时，你会使用方括号来指定需要过滤的行（与过滤数据框的方式一样），输入一个逗号，然后指定希望编辑的列的名字。

所以最后一个语句如下所示：

```
df_summarized_orders.loc[df_summarized_orders.NUM_ORDERS
            <= 600, 'ORDER_VOLUME'] = 'LOW'
```

注意这个错误在之前的上下文中是不会出现的。考虑下面的代码：

```
df_new = df_summarized_orders[
        ['DATE', 'NUM_ORDERS', 'PERC_DELIVERY']]
df_new['NUM_DELIVERY'] = ( df_new.NUM_ORDERS *
                df_new.PERC_DELIVERY )
```

第 1 行代码通过选择 df_summarized_orders 数据框中的 3 列来简化这个数据框的结构。第 2 行代码创建了一个包含总订单数的新列（通过把订单的总数和外卖订单百分比相乘获得相应值）。不管你相不相信，这会给你返回跟以前一样的错误。发生了什么？你甚至都没有开始过滤数据框！

出现此错误是因为第一步从数据框中选择了一些列。返回的数据框有可能是一个副本，但也有可能指向原来的数据框，所以目前并不能确定 df_new 是一个全新的、独立的数据框，还只是原来的那个。当你后面想要为它增加一个列时，pandas 并不知道你是想编辑这个新的数据框还是想编辑原有的。

幸好，想要避免这种情况很容易。当你选择某原有数据框的一个子集并且希望后续能编辑结果数据框时，你需要用 copy()函数做一个显式复制，让 pandas 知道你想操作的是一个副本。因此，正确的代码如下所示：

```
df_new = df_summarized_orders[
    ['DATE', 'NUM_ORDERS', 'PERC_DELIVERY']].copy()

df_new['NUM_DELIVERY'] = ( df_new.NUM_ORDERS *
               df_new.PERC_DELIVERY )
```

这里所描述的内容有一些偏技术性，并且对初学者来说可能有一些晦涩。不过简单来说，请记住：如果你得到的错误消息是"A value is trying to be set on a copy of a slice from a DataFrame."，那么此处就是对这个错误消息的解释。

6.9　更多的练习

我们已经讨论了很多！然而本章中选择的例子可能看起来有些不够自然，不过选择这些例子的考虑是想让大家更多地关注在 Python 的使用技巧上。本节将回到迪格的故事，并且会用前面学习的知识来解决一些更加实际的问题。

6.9.1　各种分析

6.5.1 节提到，布莱恩特公园餐厅在数据框 df_summarized_orders 中只出现 261 次，于是我们假设这是因为餐厅在周末不营业。为了验证这一点，我们需要确保在数据集中提到布莱恩特公园餐厅的日子都是非周末。为了在往下读解决方案之前你自己就可以搞清楚需要怎么做，你可能需要回顾一下 6.5.1 节和 6.7.5 节。◆

下面是我们的解决方案。

```
( df_summarized_orders
  [df_summarized_orders.RESTAURANT_NAME == 'Bryant Park']
  .DATE
  .dt.day_name()
  .value_counts() )
```

```
Monday        53
Wednesday     52
Thursday      52
Tuesday       52
Friday        52
Name: DATE, dtype: int64
```

让我们仔细检查一下所做的事情（下文中的数字对应于代码中的行号）。

1. 从 df_summarized_orders 开始（你可能需要看一下开始的几行来帮助自己回忆一下这个数据框的结构）。
2. 把数据框中与布莱恩特公园餐厅有关的行过滤出来。
3. 提取出 DATE 这一列。

4. 用 dt 关键字来调用日期时间函数,并把每一行中的星期名称提取出来。

5. 用 value_counts() 函数计算出每个星期名称在我们提取出来的所有行的子集中出现的次数。

结果非常确凿地证明了我们的猜想——在数据集中布莱恩特公园餐厅只出现在非周末(周一到周五)的日子里。

这里还有各种其他的可以进行的分析:假设你想要找到数据中销售额最高的日子,那么应该怎么做呢?♦

最简单的办法是把 df_summarized_orders 数据框中的数据按照 NUM_ORDERS 这一列进行排序(从高到低),然后观察第 1 行:

```
df_summarized_orders.sort_values('NUM_ORDERS',
                                 ascending=False).head()
```

	RESTAURANT_NAME	DATE	NUM_ORDERS	PERC_DELIVERY
1530	NYU	2018-06-24	1396.0	0.063754
1397	NYU	2018-02-11	1381.0	0.099203
1406	NYU	2018-02-20	1371.0	0.068563
1410	NYU	2018-02-24	1361.0	0.085966
1683	NYU	2018-11-24	1353.0	0.105691

我们发现销售额最高的 5 天都是在纽约大学餐厅,并且其中销售最好的日子是 2018 年 6 月 24 日。这个日子是周末,所以并不奇怪。

如果想要知道某家特定餐厅销售最好的日子或者销售最好的非周末,那么应该怎么做呢?尽管本章在 Jupyter Notebook 中为你提供了解决方案,我们还是希望你能自己解决这些问题。

6.9.2 按餐厅计算外卖比例

迪格最令人激动的成长之一是它在原先主营的堂食业务之外扩展出来的外卖、自取和对外餐饮服务。第 9 章会讨论有关这部分的更多细节。眼下,迪格需要决定如何扩展外卖业务,对它来说了解外卖服务在每家餐厅的情况尤其重要。我们的下一个分析将找出对每家餐厅而言外卖业务占总收入的百分比。[8]

我们先拿**所有餐厅**的外卖业务的平均订单数来练练手。应该怎么计算呢?♦

或许可以试试这个：

```
df_summarized_orders.PERC_DELIVERY.mean()
```

0.11669955062317698

与正确答案相比还差一点儿。你能指出哪里不对吗？◆ 以两天的数据为例：第一天有 1000 笔订单，其中 20% 是外卖订单；第二天有 500 笔订单，其中 10% 是外卖订单。那么外卖订单的平均百分比是多少？用上面的方法来解答，答案应该是 (10+20)/2 = 15，也就是 15%。但是结果是不正确的，因为第一天有更多的订单，所以第一天所占的比例会更大。

那么正确的计算方法是什么呢？◆ 我们需要找出所有外卖订单的数量（1000 × 0.2 + 500 × 0.1 = 250），然后用它除以订单的总量（1500），最后得到的百分比约为 16.7%。区别虽然不大，但仍然存在。

那怎么能把上述算法转换到我们的数据框上呢？◆

```
n_deliveries = (df_summarized_orders.NUM_ORDERS
                    *df_summarized_orders.PERC_DELIVERY).sum()
n_deliveries / df_summarized_orders.NUM_ORDERS.sum()
```

0.11421131825082187

把每一行的外卖订单的数量乘以外卖订单的百分比，然后将结果加起来并除以订单的总数。太好了，结果非常接近。

如果要为某一家餐厅做分析，那么应该怎么办呢？◆ 你开始可能会想着在代码里把 `df_summarized_orders` 中的每个实例都取出来，然后过滤出需要分析的餐厅。与其这么做，为什么不写一个函数呢？◆

```
def percent_delivery(df):
    n_deliveries = (df.NUM_ORDERS * df.PERC_DELIVERY).sum()
    return n_deliveries / df.NUM_ORDERS.sum()

percent_delivery(df_summarized_orders)
```

0.11421131825082187

对于一个给定的名为 `df` 的数据框，这个函数能找到外卖订单的平均百分比。在最后一行中，我们把这个函数应用到了数据框上以检查它是否能正常工作，我们得到了与之前一样的结果。

现在可以把这个函数应用在仅包含哥伦比亚餐厅订单信息的数据框上了：◆

```
columbia_orders = ( df_summarized_orders
                    [df_summarized_orders.RESTAURANT_NAME
                                        == 'Columbia'] )
percent_delivery(columbia_orders)
```

0.10066185558789521

从结果来看，与其他餐厅相比，哥伦比亚餐厅的外卖订单较少。

在本章的 Jupyter Notebook 中，我们将展示如何用循环来为每家餐厅做这样的数据分析。你会看到外卖在上东区餐厅和上西区餐厅要流行得多。对那些对曼哈顿不熟悉的人来说，因为这些地方是住宅区，所以更高比例的外卖订单合情合理。你也会发现布莱恩特公园餐厅和市中心（Midtown）餐厅的外卖比例非常低。你能猜出来是什么原因吗？有一个非常简单直白的解释——布莱恩特公园餐厅和市中心餐厅是从 2018 年才开始允许外卖服务的，在这之前它们外卖订单的比例是零。

6.9.3　人员配置分析

人员配置在迪格的案例中至关重要，第 9 章会继续讨论相关细节。为了确定员工在每家餐厅中的分配，对迪格来说了解它的每一家连锁餐厅的需求类型显得非常重要，这个分析既包括工作日也包括周末。继续阅读之前，你可以停下来想一想：如何帮助迪格来安排人员？♦

我们要采用的方案是为每家餐厅做两张直方图—— 一张展示工作日订单的分布情况，一张展示周末订单的分布情况。这些直方图会在你面对每家餐厅时为你提供直观且丰富的有关餐厅需求的信息。

让我们为所有日子的所有订单信息制作一张直方图：

```
df_summarized_orders.NUM_ORDERS.plot(kind='hist', bins=30)
```

```
<matplotlib.axes._subplots.AxesSubplot at 0x1a693ae850>
```

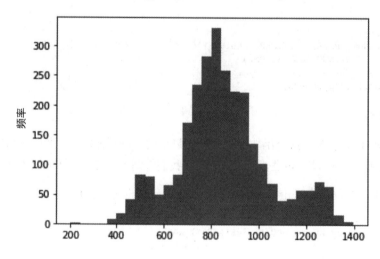

要为工作日和周末各创建一张直方图，可以这么做：◆

```
( df_summarized_orders
    [df_summarized_orders.DATE.dt.weekday < 5]
    .NUM_ORDERS
    .plot(kind='hist', bins=30) )

( df_summarized_orders
    [df_summarized_orders.DATE.dt.weekday >= 5]
    .NUM_ORDERS
    .plot(kind='hist', bins=30) )
```

```
<matplotlib.axes._subplots.AxesSubplot at 0x1a9b2768d0>
```

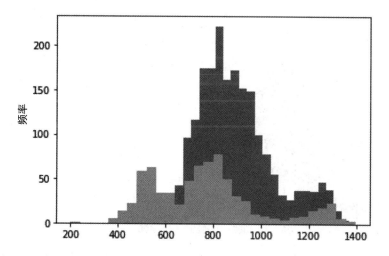

这两个语句开始的部分是一样的，只是第一个过滤出了工作日的订单（星期的数值小于5）而第二个是针对周末的（星期的数值大于等于5）。注意，这里是使用 dt.weekday 来获取每个日期对应的星期的。

这已经很接近我们想要的结果，但是还有 3 个问题需要解决。第一个问题是周末订单数和工作日订单数很明显在不同的数据规模上，所以很难去比较。你能说出为什么会这样吗？◆因为一周中工作日比周末的天数多得多，所以导致了表示周末订单数的柱要比工作日的矮很多。可以通过 density=True 参数来解决这个问题，6.5.2 节讨论过。◆

第二个问题是第二张直方图遮住了第一张直方图的一部分。可以用之前未介绍过的 alpha 参数来解决这个问题。将 alpha=0.5 作为 plot() 函数的参数，可以让柱变得半透明。

最后一个问题是直方图没有图例，所以很难看出哪些表示工作日以及哪些表示周末。可以通过 plt.legend(['Weekdays', 'Weekends']) 来添加图例。注意，这个列表里面的顺序必须跟直方图被创建的顺序保持一致。最终版本的代码如下所示：

```
( df_summarized_orders
    [df_summarized_orders.DATE.dt.weekday < 5]
    .NUM_ORDERS
    .plot(kind='hist', bins=30, density=True) )

( df_summarized_orders
    [df_summarized_orders.DATE.dt.weekday >= 5]
    .NUM_ORDERS
    .plot(kind='hist', bins=30, density=True, alpha=0.5) )

plt.legend(['Weekdays', 'Weekends'])
```

```
<matplotlib.legend.Legend at 0x1a6925dd50>
```

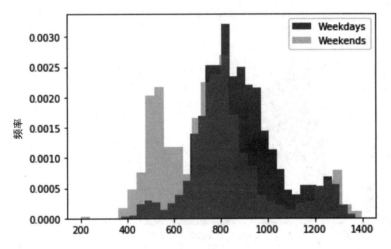

最后，可以使用循环为每家餐厅单独制作一张图表。如果你想要挑战自己，那么在往下阅读之前可以试一试。◆

```
# 重命名 df_summarized_order 数据框以缩短
# 我们的代码
df_so = df_summarized_orders

# 遍历每一家餐厅
for r in df_so.RESTAURANT_NAME.unique().tolist():
    # 打印餐厅名称
    print(r)

    # 过滤出该餐厅的订单
    df = df_so[df_so.RESTAURANT_NAME == r]

    # 分别生成工作日和周末的直方图
    ( df[df.DATE.dt.weekday < 5]
        .NUM_ORDERS.plot(kind='hist', bins=30,
                                density=True) )

    weekend_rows = (df.DATE.dt.weekday >= 5)
```

```
if weekend_rows.sum() > 0:
    ( df[weekend_rows]
      .NUM_ORDERS.plot(kind='hist', bins=30,
                              density=True, alpha=0.5) )

# 创建图例
plt.legend(['Weekday', 'Weekend'])

# 在每个循环的最后展示创建的图表
plt.show()
```

我们逐行来看一下代码（下文中的数字代表代码的行数）。

3. df_so = df_summarized_orders
   该行只是把 df_summarized_orders 数据框改成较短的名字，这样可以让代码变短——这纯粹是为了美观。

6. for r in df_so.RESTAURANT_NAME.unique().tolist():
   该行开始为每一家餐厅创建一个列表，并且开始循环。调用变量 r 指代每家餐厅。r 最初指布莱恩特公园餐厅，然后是哥伦比亚餐厅，接下来是熨斗区（Flatiron）餐厅，等等。

8. print(r)
   把每家餐厅的名字输出来以便知道正在看的是哪一家餐厅。

11. df = df_so[df_so.RESTAURANT_NAME == r]
    该行会遍历整个订单数据框，然后把餐厅 r 的对应行过滤出来。我们会在这个过滤的结果数据框 df 上做后续的操作。

14. 该行会把 df 的工作日相关的行过滤出来，过滤条件是 df.DATE.dt.weekday < 5 (Monday-Friday)，然后生成直方图。

18. 该行会创建一个名为 weekend_rows 的序列，包含跟 df_so_filtered 同样多的行，其中如果某行对应的是周末，那么值为 True，否则为 False。

19. 该行会检查一家餐厅的数据是否包含了至少一个周末，如果包含就将它生成对应的直方图。这是必需的，因为如果很不凑巧一个数据框连一行周末的数据都没有，那么基于它生成直方图就会出错。

20. 生成周末数据的直方图。

25. 展示图例。

28. plt.show()
    该行会展示我们创建的图表。我们需要这个语句，因为如果没有它，那么 Python 就会把所有的直方图都堆在一起，而不是逐个绘制。可以试试看如果没有这个语句会是什么效果。

出于篇幅考虑，这里就不一一展示每一张直方图了，但是可以看看最初生成的 3 张直方图。

布莱恩特公园餐厅

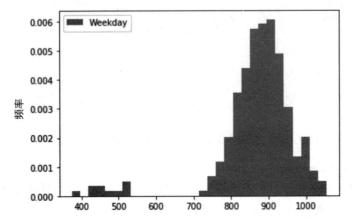

哥伦比亚餐厅

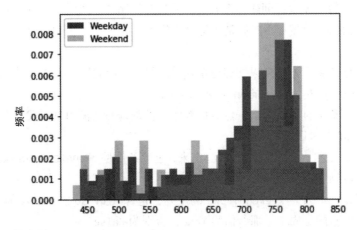

熨斗区餐厅

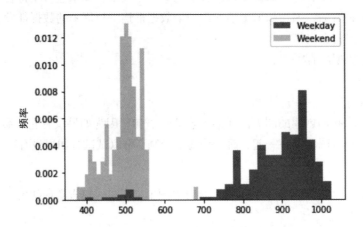

这些直方图反映了每家餐厅的订单模式。花一些时间仔细观察，试着分析一下这些数据意味着什么。♦ 下面是我们的一些发现。

- 布莱恩特公园餐厅只有一张直方图（工作日），没有周末的图——这合情合理，之前讨论过，布莱恩特公园餐厅周末是不营业的。
- 对一些餐厅（如哥伦比亚餐厅）来说，周末和工作日的分布是一样的，似乎周末和工作日的客人一样多。而对其他一些餐厅（如熨斗区餐厅和市中心餐厅）来说，分布就非常不一样。工作日的订单要比周末多很多。这也不奇怪，鉴于这两个区都是居民住宅居多，周末的订单量可能就会变少。
- 对于熨斗区餐厅，很有趣的一点是周末的订单分布要比工作日"窄"很多，工作日的订单要宽且扁平很多。这表示周末的订单数量比工作日稳定得多，这个现象也可能意味着对这些餐厅来说，为周末预先做人员配置安排要相对容易。

6.10 总结

本章介绍了很多基础的 pandas 功能，我们发现，即使用这些基础功能也能解决很多问题。

目前为止我们的分析仅仅包含一个数据集。在实际使用中，我们需要解决的很多问题往往要合并和查询多个数据集。第 7 章将讨论如何用 pandas 合并多个数据集并做更复杂的分析。

第 7 章

合并数据集

现在你已经对 pandas 可以进行的各种操作有了全面的了解。我们不但讨论了 pandas 如何存储数据、读取数据和写入数据，而且讨论了在 Python 中探索数据、操作数据和修改数据的各种方式。

但是有些东西似乎遗漏了。回想一下第 5 章中迪格的案例研究——故事中反复出现的一个关键主题是合并**多个数据集**以进行有意义的分析。例如，迪格使用多个系统来跟踪人力资源数据，只有将这些系统产生的数据集合并在一起才能进行有意义的分析。

本章将讨论合并数据集的意义以及如何合并多个数据集，并会展示为执行这些操作 pandas 所提供的各种方法。

7.1 本章内容简介

本章有两个目标。第一个目标是教你如何考虑涉及多个数据集的操作、有哪些不同的方法可以合并数据集，以及应该在何时选择哪种方法。第二个目标是教你用 pandas 来实现相关操作。本章在结尾部分会应用 pandas 构建迪格订单数据集。

7.2 准备工作

在开始之前，创建一个新的 Jupyter Notebook 和一个名为 "Chapter 7" 的目录，该目录用于存放在本章中会用到的文件。

首先，导入一些需要的包。在第一个单元格中粘贴以下代码并运行：

```
import pandas as pd
import matplotlib.pyplot as plt
```

接下来，加载一些我们在第 5 章结尾部分保存过的文件。请在下一个单元格中粘贴以下代码并运行（7.9 节才会使用这些文件）：

```
df_orders = pd.read_pickle('Chapter 5/orders.pickle')
df_items = pd.read_pickle('Chapter 5/items.pickle')
df_restaurants = (
    pd.read_pickle('Chapter 5/restaurants.pickle') )
```

和以往一样，本章的 Jupyter Notebook 以及第 6 章的文件都可以在图灵社区本书页面的"随书下载"处找到。

7.3 合并数据集：简介

在开始之前，需要解释一下所谓的"合并数据集"是什么意思，以及为什么这是一项很重要的操作。让我们用一些例子来说明。

- 在迪格订单数据集中，每笔订单都包含订单中每个条目的唯一标识，但不包含条目的**名称**。另一个包含唯一标识的数据集中有对应的名称。生成一个包含订单中每个条目的列表需要合并这两个数据集。
- 假设一个大学数据库有以下 3 个数据集。
  - 一个数据集包含全日制学生姓名和其详细信息（比如指导教授姓名）。
  - 一个数据集包含非全日制学生姓名和其详细信息（比如指导教授姓名）。
  - 一个数据集包含给定课程（比如"Python 入门"）的学生成绩。

  虽然这 3 个数据集本身很有用，但回答许多问题需要合并这些数据集。例如，确定所有在"Python 入门"课程中得到 B 或以下成绩的学生以及他们的指导教授、为每个指导教授提供有关其所有学生的信息，以及找出是否某些指导教授名下有过多表现不佳的学生。

- 假设一家网约车公司有以下 3 个数据集：
  - 一个数据集是司机列表。
  - 一个数据集是司机上个月的驾驶记录。
  - 一个数据集是消息推送到司机设备的推送记录（用来鼓励他们使用应用程序来接单）。要了解消息推送对司机驾驶频率产生的影响，就需要将所有数据集的数据进行合并。

- 假设一家电子商务公司有以下 3 个数据集。
  - 一个数据集包含在公司网站上产生的订单。
  - 一个数据集包含客户及其详细信息。
  - 一个数据集包含产品及其特征。

  该公司想知道是否包含某些特征的产品比其他产品更受欢迎，以及客户特征是否与订单模式相关（比如东海岸的客户是否比西海岸的客户更频繁地下单）。要回答这些问题，就需要将所有数据集的数据进行合并。

❑ 假设一个呼叫中心有以下 3 个数据集。

➤ 一个数据集包含呼叫中心员工的姓名。

➤ 一个数据集包含员工的详细薪资信息。

➤ 一个数据集包含呼叫记录，包括通话的时长。

许多问题可能需要将这些数据集合并之后才能回答。例如，将员工的薪资与其呼叫数量进行关联。

正如刚才所描述的那样，将数据集合并在一起是 pandas 最有用的功能之一，但正确地应用这个功能可能有些麻烦。要完全讲清楚这个主题，需要专门再出一本书，书名可能会叫 *Databases for MBAs*。本章将介绍使用 pandas 处理数据集的基础知识。

7.4 "玩具" 数据集

在从使用迪格数据集 "毕业" 之前，受前面大学的例子启发，我们将用一些简单的 "玩具" 数据集练习数据集的连接操作。这些数据集在一个 Excel 文件中，每个标签页都是一个数据集。我们在 5.2 节中下载过这个文件，现在可以用以下方法载入这些数据集：

```
df_full_time = pd.read_excel('raw data/university.xlsx',
                             sheet_name='full_time')
df_part_time = pd.read_excel('raw data/university.xlsx',
                             sheet_name='part_time')
df_grades = pd.read_excel('raw data/university.xlsx',
                          sheet_name='grades')
```

下面来看一下这些数据集。首先，df_full_time 这个数据框中包含全日制学生的一些信息（一般来说，可以用 head() 来输出开始的几行，然而在后续的处理中，拥有整张表的内容将非常有用）：

df_full_time

	student_id	first_name	last_name	adviser
0	1	Melvin	Ware	Prof Duncan
1	2	Thomas	Moore	Prof Brown
2	3	Joseph	Paul	Prof Alvarez
3	4	Sarah	Cruz	Prof Duncan

其次，df_part_time 这个数据框中包含非全日制学生的一些信息：

df_part_time

	student_id	first_name	last_name	adviser
0	5	David	Freeman	Prof Duncan
1	6	Elizabeth	Brown	Prof Duncan
2	7	Amanda	Schultz	Prof Kennedy
3	8	Tanner	Perkins	Prof Alvarez
4	9	Ashley	Gonzales	Prof Kennedy
5	10	Latonya	Porter	Prof Alvarez
6	11	Jacinda	Peterson	Prof Alvarez

最后，df_grades 这个数据框中包含选修"Python 入门"这门课程的所有学生的分数：

df_grades

	student_id	final_grade
0	1	95
1	3	71
2	6	76
3	7	91
4	8	75
5	11	59
6	15	86

从现在开始，我们聚焦在一个简单的任务上——构建一个数据集，对于每一位选修"Python 入门"课程的学生，列出他们的姓名、指导教授姓名和最终成绩。在开始前你可能会注意到有一些小问题。♦ 首先，这些学生信息分布在两个文件中。其次，他们的成绩是在另外一个独立的文件中。最后，有一个在成绩文件中的学生在学生文件中不存在（学生编号 15）。

最后一个问题乍看起来有些奇怪——怎么可能一个有成绩的学生会不在学生信息表中呢？很不幸的是，由于各种原因，这种错误在实际情况中非常常见（例如，一个学生因为已经离开学校，他的信息被从学生信息表中删除；或者仅仅因为有人在录入成绩表的时候不小心出了错）。我们不仅需要很好地处理这些问题，而且要能够检查出这些问题，以便对数据本身的错误有所知晓。

7.5　5 种类型的连接

我们已经准备好开始合并数据表了。注意：pandas 中用来合并表的方法很多，但是所有方法都大同小异（从某种程度上来说，这也是这类操作重要性的一个体现）。对初学者来说，即使不去看这些各种各样的方法，表的连接操作也已经足够复杂了。所以在本节中，我们会做一个谨慎的选择，对每种类型的连接只选用一种方法来操作——我们认为最常用的那种。后续随着越来越多地与数据打交道，你会对其他的方法越来越熟悉。

7.5.1　联合操作

第一种也是最简单的合并两张表的方法叫"联合"。这种方法适用于两张表由某一张表拆分而来的情况。这种情况很多，有时一张表因为太大不能一次传完，所以要被拆分成几个部分。有时某张表会被拆分成几个逻辑部分：全日制学生在一张表中，非全日制学生在另一张表中。联合操作会把这些不同的部分合并成一张大表。在 pandas 中，联合操作由 pd.concat() 函数实现，只需把你希望合并的数据框列表当作参数传进去即可。

```
df_students = pd.concat([df_full_time, df_part_time])
df_students
```

	student_id	first_name	last_name	adviser
0	1	Melvin	Ware	Prof Duncan
1	2	Thomas	Moore	Prof Brown
2	3	Joseph	Paul	Prof Alvarez
3	4	Sarah	Cruz	Prof Duncan
0	5	David	Freeman	Prof Duncan
1	6	Elizabeth	Brown	Prof Duncan
2	7	Amanda	Schultz	Prof Kennedy
3	8	Tanner	Perkins	Prof Alvarez

以下几点需要注意。

- 一个常见的代码错误是没有把数据框放到列表里，而是采取了如下操作：pd.concat(df_full_time, df_part_time)。这会返回一个错误。
- 每一个待联合的原始数据框的行索引也会被保留到最终结果的数据框中，这会导致行索引重复。例如，在上面的表中，Melvin Ware 和 David Freeman 这两行的行索引都是 0。本书中很少使用行索引，所以理论上不会出问题，但是你最好还是重置一下行索引，以确保每行的行索引是唯一的。

```
df_students = ( pd.concat([df_full_time, df_part_time])
                        .reset_index(drop=True) )
df_students
```

	student_id	first_name	last_name	adviser
0	1	Melvin	Ware	Prof Duncan
1	2	Thomas	Moore	Prof Brown
2	3	Joseph	Paul	Prof Alvarez
3	4	Sarah	Cruz	Prof Duncan
4	5	David	Freeman	Prof Duncan
5	6	Elizabeth	Brown	Prof Duncan
6	7	Amanda	Schultz	Prof Kennedy

❑ 要使最终生成的表可以为每行溯源。可以通过在联合这些表之前为每张原始表增加一个标志列来实现这一点。

```
df_full_time['student_type'] = 'full_time'
df_part_time['student_type'] = 'part_time'
pd.concat([df_full_time, df_part_time]).reset_index(drop=True)
```

	student_id	first_name	last_name	adviser	student_type
0	1	Melvin	Ware	Prof Duncan	full_time
1	2	Thomas	Moore	Prof Brown	full_time
2	3	Joseph	Paul	Prof Alvarez	full_time
3	4	Sarah	Cruz	Prof Duncan	full_time

❑ 对于所有要执行联合操作的表，它们必须有相同的列。

7.5.2　内部连接、外部连接、左连接和右连接

假设你现在要把 df_grades 和 df_students 合并生成如下形式。

	student_id	final_grade	first_name	last_name
0	1	95	Melvin	Ware
1	3	71	Joseph	Paul
2	6	76	Elizabeth	Brown
3	7	91	Amanda	Schultz
4	8	75	Tanner	Perkins
5	11	59	Jacinda	Peterson

看起来很容易，是不是？不过连接操作的细节才是最可怕的。

这里需要做的第一件事是让一张表中的行能够对应到另一张表中的行。在上述例子中实现这一操作很简单。那怎么让 pandas 知道位于 df_students 中的行如何对应到 df_grades 呢？在这个例子中，实现这一操作也非常简单，只需在两张表中找 student_id 相同的行即可。student_id 列就是这个"连接"操作的**连接键**。连接键是每个连接操作的首要元素。通常情况下，连接键是唯一确定每一行的一个列，有时候甚至是两个列，后面会详细介绍。

在确定连接键之后，马上就有一个复杂的问题：如果一个 student_id 在一张表中存在但是没有出现在另一张表中（或者反过来），那会怎么样呢？在这种情况下，可以看到 student_id 15 在 df_grades 这张表中出现了但是没有在 df_students 中出现，而 student_id 2 并没有上 "Python 入门"这门课，因此，这个学生并没有出现在 df_grades 中。这时候我们可以做以下 3 件事。

❏ 只包含同时出现在**两张表**中的行——如果有一行在任意一张表中没有出现，那么新表中就不会出现该行的信息。这被称为**内部连接**。我们会得到如下结果。

	student_id	final_grade	first_name	last_name
0	1	95	Melvin	Ware
1	3	71	Joseph	Paul
2	6	76	Elizabeth	Brown
3	7	91	Amanda	Schultz
4	8	75	Tanner	Perkins
5	11	59	Jacinda	Peterson

❏ 包含**所有行**，而不管它们是只在一张表中出现还是在两张表中都出现了。这被称为**外部连接**。我们会得到如下结果。

	student_id	final_grade	first_name	last_name	adviser
0	1	95.0	Melvin	Ware	Prof Duncan
1	3	71.0	Joseph	Paul	Prof Alvarez
2	6	76.0	Elizabeth	Brown	Prof Duncan
3	7	91.0	Amanda	Schultz	Prof Kennedy
4	8	75.0	Tanner	Perkins	Prof Alvarez
5	11	59.0	Jacinda	Peterson	Prof Alvarez
6	15	86.0	NaN	NaN	NaN
7	2	NaN	Thomas	Moore	Prof Brown
8	4	NaN	Sarah	Cruz	Prof Duncan
9	5	NaN	David	Freeman	Prof Duncan
10	9	NaN	Ashley	Gonzales	Prof Kennedy
11	10	NaN	Latonya	Porter	Prof Alvarez

注意，当一个条目在其中一张表中缺失的时候，pandas 会把这个条目对应的行信息填充成特殊值 NaN，这代表缺失值（参见 6.7.2 节）。对 student id 为 15 的行来说，姓名、成绩都是 NaN。

❑ 包含两张表中某张表的所有行。例如，保留 df_grades 表中的所有行，我们会得到如下结果。

	student_id	final_grade	first_name	last_name
0	1	95	Melvin	Ware
1	3	71	Joseph	Paul
2	6	76	Elizabeth	Brown
3	7	91	Amanda	Schultz
4	8	75	Tanner	Perkins
5	11	59	Jacinda	Peterson
6	15	86	NaN	NaN

而保留 df_students 表中的所有行，我们会得到如下结果。

	student_id	final_grade	first_name	last_name
0	1	95.0	Melvin	Ware
1	2	NaN	Thomas	Moore
2	3	71.0	Joseph	Paul
3	4	NaN	Sarah	Cruz
4	5	NaN	David	Freeman
5	6	76.0	Elizabeth	Brown
6	7	91.0	Amanda	Schultz
7	8	75.0	Tanner	Perkins
8	9	NaN	Ashley	Gonzales
9	10	NaN	Latonya	Porter
10	11	59.0	Jacinda	Peterson

在处理这类连接操作的时候，我们经常会把其中一张表称为"左表"，另一张表称为"右表"。哪张表叫什么其实无所谓。在这个例子中，我们称 df_grades 为"左表"，称 df_students 为"右表"。"左连接"就是保留"左表"中的所有行，"右连接"就是保留"右表"中的所有行。

7.6 pandas 里的连接操作

总结一下我们在 Python 中见过的 5 种合并表的方法。第一种是联合，它会把表格的内容逐行合并到一起。

剩下的 4 种合并表的方法是使用连接键。这些连接方法有如下 5 个"关键点"：

- 左表（df_grades）；
- 右表（df_students）；
- 左表中包含连接键值的那一列（student_id）；
- 右表中包含连接键值的那一列（student_id）；
- 连接的类型。

下表总结了这 4 种连接方法的特点，该表中包含了文氏图，其中每个圆圈代表一张数据表。

连接类型	描 述
左连接	保留左表中的数据并加入右表中能够被连接上的数据
右连接	保留右表中的数据并加入左表中能够被连接上的数据
内部连接	只保留在左、右表中都存在的数据
外部连接	保留左、右表中所有的数据

在 7.7 节中，我们会回到如何选择合适的连接类型的问题。本节只关注在 Python 中如何做连接操作。

对于联合操作，可以使用 concat() 函数，7.5.1 节对此做过介绍。其他类型的连接操作可以使用 pd.merge() 函数来完成。只需运行如下代码即可：

```
pd.merge(df_grades,
    df_students,
    left_on='student_id',
    right_on='student_id',
    how='left',
    validate='one_to_one')
```

	student_id	final_grade	first_name	last_name	adviser
0	1	95	Melvin	Ware	Prof Duncan
1	3	71	Joseph	Paul	Prof Alvarez
2	6	76	Elizabeth	Brown	Prof Duncan
3	7	91	Amanda	Schultz	Prof Kennedy
4	8	75	Tanner	Perkins	Prof Alvarez
5	11	59	Jacinda	Peterson	Prof Alvarez

下图说明了如何在函数中指定连接的各个组成部分。

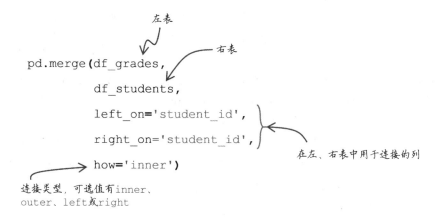

以下几点值得关注一下。

❑ pd.merge()会把两张表的所有列都包含到一起。这里并没有提供仅包含部分列的方法，但是可以通过在连接之前只选择表中的一些列来轻松完成这个操作。

```
df_result = pd.merge(df_grades,
    df_students[['student_id', 'first_name', 'last_name']],
    left_on='student_id',
    right_on='student_id',
    how='left')
```

	student_id	final_grade	first_name	last_name
0	1	95	Melvin	Ware
1	3	71	Joseph	Paul
2	6	76	Elizabeth	Brown
3	7	91	Amanda	Schultz
4	8	75	Tanner	Perkins
5	11	59	Jacinda	Peterson
6	15	86	NaN	NaN

- □ 如果左表和右表中有同名的列，那么做连接的时候你可能会遇到麻烦，毕竟结果表中有两个同名的列看起来就不合理。如果 pandas 检测到同名的列，它就会通过分别为来自左表和右表的不同列相应添加后缀_x 和_y 的方式试图解除这种冲突。然而，强烈建议你不要依赖这个功能。在不同的上下文中，该功能是否能正常修改列名是不可靠的。请在连接前使用 rename()函数（参见 5.5.3 节）为列改名。

- □ 在之前的例子中，连接键只包含一列。在某些情况下，可能需要使用**两列**或者**多列**。假设全日制学生和非全日制学生有他们各自独立的编号（例如，全日制学生编号为 1、2、3……非全日制学生编号也为 1、2、3……），那么你就需要**同时**加载学生编号**和**他们的全日制/非全日制状态以唯一区分每个学生并做连接操作。pd.merge()让这变得非常简单，你只需将列表而不是字符串传给 left_on 和 right_on 即可。后面会介绍相关的例子。

- □ 如果你在 pd.merge()中既没有给 left_on 也没有给 right_on 传值进去，那么 pandas 就会自动寻找两张表中都有的所有列并用它们来做连接操作。此外，如果包含连接键的列名在两张表中是一样的，那么只需在参数中指定一个即可，无须在 left_on 参数和 right_on 参数中都指定。在本书中，为清晰起见，我们总是指定两个参数，不管它们在两张表中是不是有相同的列名。

索引对齐

用 pandas 做左连接时还有一个完全不同的方法，那就是**索引对齐**，这有时候也被当作一个窍门。使用这个方法的时候，连接键必须是两张数据表的行索引。

可以从创建 df_grades 和 df_students 的副本开始，把两张数据表的行索引都设置在 student_id 上，并提醒自己每张表都包含了这一列：

```
df_grades_2 = df_grades.copy().set_index('student_id')
df_grades_2.head()
```

	final_grade
student_id	
1	95
3	71
6	76
7	91
8	75

```
df_students_2 = df_students.copy().set_index('student_id')
df_students_2.head()
```

	first_name	last_name	adviser
student_id			
1	Melvin	Ware	Prof Duncan
2	Thomas	Moore	Prof Brown
3	Joseph	Paul	Prof Alvarez
4	Sarah	Cruz	Prof Duncan
5	David	Freeman	Prof Duncan

现在运行下面的代码并观察 df_students_2：

```
df_students_2['python_grade'] = df_grades_2.final_grade
df_students_2
```

	first_name	last_name	adviser	python_grade
student_id				
1	Melvin	Ware	Prof Duncan	95.0
2	Thomas	Moore	Prof Brown	NaN
3	Joseph	Paul	Prof Alvarez	71.0
4	Sarah	Cruz	Prof Duncan	NaN
5	David	Freeman	Prof Duncan	NaN
6	Elizabeth	Brown	Prof Duncan	76.0
7	Amanda	Schultz	Prof Kennedy	91.0
8	Tanner	Perkins	Prof Alvarez	75.0
9	Ashley	Gonzales	Prof Kennedy	NaN
10	Latonya	Porter	Prof Alvarez	NaN
11	Jacinda	Peterson	Prof Alvarez	59.0

发生什么了？pandas 自动把两张表的行索引**对齐**了。它非常有效地在行索引上做**左连接**并且把左表的行索引带到了结果表上。df_students_2 中任何跟 df_grades 中的行没有匹配上的行都被自动加了 NaN，而 df_grades 中任何跟 df_students_2 中的行没有匹配上的行都被忽略掉了。

这就是当我们在两张具有不同索引的表上做一些操作时希望 pandas 能帮我们做的一些事情。不过我们不会在这里继续探讨这个问题了。

7.7   选择合适的连接方式

通常很容易确定什么时候需要用联合——一张表被拆成了两半就是一个显著的标志。但是当需要使用其他类型的数据连接时，选择用什么样的连接（内部连接、外部连接、左连接、右连接）就显得有些困难了。在本节中，我们会重新审视以前的一个例子，然后再看一些其他的例子并讨论对每个例子来说哪种类型的连接最合适。

7.7.1   回顾第一个例子

先来回顾一下前面的例子（df_grades 作为左表，df_student 作为右表）。要生成一份包含选修了"Python 入门"这门课程的学生姓名及其课程成绩的名单，应该选择哪种连接呢？ ♦

你开始可能会想尝试内部连接，仅仅包含我们数据库中有的并且选修了"Python 入门"这门课程的学生。你是对的，在这里内部连接的确可行。

然而，一个值得争论的地方是或许也可以使用**左连接**，它可以让 df_grades 中的每一行都得以保留，不管对应的学生是不是在 df_students 中存在。为什么？就是因为如果一个学生选修了"Python 入门"这门课程（所以他在 df_grades 中）但是不在 df_students 中，那么你或许想知道为什么——这实际上反映出了一些数据库的错误。做内部连接会彻底掩盖这些错误。

如果你做左连接，那么 df_students 中任何没有值的学生名字（first_name）列和学生姓氏（last_name）列都会被 NaN 替代。我们可以为这种情况计数并输出警告信息，然后把这些行丢弃。 ♦

```
df_result = pd.merge(df_grades,
        df_students[['student_id', 'first_name', 'last_name']],
        left_on='student_id',
        right_on='student_id',
        how='left')

if df_result.first_name.isnull().sum() > 0:
    print('Warning! df_students is missing some students.')

df_result = df_result[df_result.first_name.notnull()]
df_result
```

警告！表中缺少某些学生的信息

	student_id	final_grade	first_name	last_name
0	1	95	Melvin	Ware
1	3	71	Joseph	Paul
2	6	76	Elizabeth	Brown
3	7	91	Amanda	Schultz
4	8	75	Tanner	Perkins
5	11	59	Jacinda	Peterson

7.7.2 更多的练习

选择合适的连接是一个很重要（有时也很棘手）的话题，本节会用 7.3 节提到的例子作为练习用例去做更多的训练。假设有如下数据集合。

- ❑ df_drivers 列出了每一个司机以及他们的驾照编号（driver_id）、姓名（driver_name）和驾龄（driver_age）。
- ❑ df_driving 列出了上个月开过车的司机、他们的驾照编号（driver_id）以及上个月驾驶时长（num_hours）。
- ❑ df_notifications 列出了上个月每个收到过推送通知的司机、他们的驾照编号（driver_id）以及收到的推送通知的数量（num_notifications）。

应该用什么连接取决于你需要解决的问题。来考虑几个例子。正如过去一样，我们鼓励你在读解决方案之前多思考一下。

- ❑ "平均来说，司机上个月驾驶时长是多少？"♦ 这个问题有如下两种解读方式。

  - ➤ 如果想知道上个月开过车的司机的平均驾驶时长，那么就需要用 ♦ df_driving.num_hours.mean()——不需要做任何连接，因为这张表就包含了每个开过车的司机。

  - ➤ 如果想知道所有司机的平均驾驶时长，那么可以有很多种方法，但是因为我们讨论的是连接，所以这里就使用它。因此可以这么做：♦

```
df_res = pd.merge(df_drivers, df_driving,
                  left_on='driver_id',
                  right_on='driver_id',
                  how='left')
df_res.num_hours = df_res.num_hours.fillna(0)
df_res.num_hours.mean()
```

先在 df_drivers 和 df_driving 之间做一个左连接。左连接在这里是合适的，因为我们想要得到一张包含所有司机的表，不管司机是不是还在开车。[1]这样生成的表中每一行会对应一个司机，如果司机上个月没有开车，那么相应行的 num_hours 这一栏里就是 NaN。然后用 0 填充这些 NaN，因为这些司机没有开车。最后找出平均值。

❑ "有多少上个月开车的司机收到了推送消息？"为了回答这个问题，可以这么做：♦

```
df_res = pd.merge(df_driving, df_notifications,
                  left_on='driver_id',
                  right_on='driver_id',
                  how='inner')
len(df_res)
```

先执行一个 df_driving 和 df_notifications 的内部连接。内部连接在这里是合适的，因为我们需要同时存在于两张表中的司机名单，他们既开车又收到了通知。结果表中包含了同时存在于两张表中的司机名单，所以看一下这张表的行数就能得到答案。

❑ "有多少司机要么上个月开车了，要么收到推送通知了？"为了回答这个问题，可以这么做：♦

```
df_res = pd.merge(df_driving, df_notifications,
                  left_on='driver_id',
                  right_on='driver_id',
                  how='outer')
len(df_res)
```

先执行 df_driving 和 df_notifications 之间的外部连接。外部连接在这里是合适的，因为我们需要存在于两张表中任意一张表中的司机名单——要么他们上个月开过车，要么他们收到了推送通知。这张结果表中包含了这些司机名单，所以这张表的总行数就是我们期望看到的结果。

"选用什么样的连接"这个话题非常复杂，要将其讨论清楚一节内容远远不够。这些例子可以为你提供一个很好的参考，后续你可以用自己的数据集做更多的实验。

7.8   主键和连接

在结束对连接的介绍之前，我们还需要讨论最后一个主题：**主键**。本节内容技术性很强，跳过本节也不会影响后续阅读。但这是一个至关重要的话题，建议你至少浏览一下。

主键是表中的一个或多个字段，它可以唯一标识表中的某一行。每一行都必须有自己的主键，并且主键可以被用来引用另一张表中的特殊记录。

例如，在 7.5 节的 df_full_time 表中，主键是 student_id——每个学生都有唯一的编号。这个唯一编号也可以被用在其他的表（如 df_grades 表）中来引用一个特定的学生。

对主键的主要要求是它必须是**唯一**的，即不能有两行具有相同的主键，否则该键不再唯一地标识某行。可以使用 pandas 的 duplicated() 函数来检查主键是否唯一：

```
df_full_time_student_id.duplicated().sum()
```

```
0
```

duplicated() 函数会返回一个序列，如果某行中的值是第一次在该数据框中出现，就返回 False；如果该值以前出现过，则返回 True。如果主键列不包含重复项，那么我们就期望该序列的和为 0。

在某些情况下，表的主键有**两列**。例如，考虑在每个国家/地区具有多个独立网站的在线零售商的情形。在这种情况下，订单唯一编号“1”可能无法唯一标识订单，因为在美国可能存在订单唯一编号“1”，在加拿大也可能存在订单唯一编号“1”，以此类推。在这种情况下，有效的主键是订单唯一编号和国家/地区。duplicated() 函数也适用于数据框，因此可以使用 df_orders[['ORDER_ID', 'COUNTRY']].duplicated().sum() 来检查这两个列是否构成有效的主键。

为什么要在连接的上下文中引入主键呢？这是因为本书所介绍的每个连接中，两个连接键（左表或右表）中至少有一个是主键，举例如下。

❑ 我们用 student_id 来连接 df_grades 和 df_students，该列唯一标识了每个学生，是 df_students 中的主键（就此而言，也是 df_grades 中的主键）。

❑ 在前面的网约车示例中，我们总是用 driver_id 来连接表格，它是两张表的主键。

这些内容之所以重要，是因为如果你使用 pd.merge()，但连接列都不是主键，那么 pandas 并不会提示错误（因为在本书范围之外的某些情况下，这是正确的做法）。然而，结果将与你所期望的完全不同。

因此，在每次连接之前，询问自己哪些连接列应该是主键非常重要。你可以使用 duplicated() 检查是否满足了预期，但 pd.merge() 提供了一种更简单的方法，它允许你给该函数传递一个 validate 参数。如果用主键作为参数，那么该函数将在进行合并之前自动检查主键。参数有如下 3 种选项。

❑ one_to_one：将确保两张表中的连接键是唯一的。
❑ one_to_many：将确保左表中的连接键是唯一的。
❑ many_to_one：将确保右表中的连接键是唯一的。

例如，在大学数据库示例中，student_id 在两张表中都是唯一的，你可以运行以下命令：

```
pd.merge(df_grades,
        df_students,
        left_on='student_id',
        right_on='student_id',
        how='left',
        validate='one_to_one')
```

如果不满足指定的唯一性条件，那么函数将抛出出错信息。

7.9 构建迪格订单数据集

本章使用 `df_grades` 和 `df_students` 这两个简单的数据集介绍了连接的概念。现在我们准备返回到迪格案例进行研究，并应用前面学到的知识来生成更有用的 `df_orders` 数据集。

先来看看它的样子：

```
df_orders.head()
```

RESTAURANT_ID	TYPE	DRINKS	COOKIES	MAIN	BASE	SIDE_1	SIDE_2
R10002	IN_STORE	1.0	2.0	NaN	NaN	NaN	NaN
R10003	IN_STORE	0.0	0.0	NaN	NaN	NaN	NaN
R10001	DELIVERY	0.0	2.0	I0	I7	I15	I14

请注意，上表中仅列出了套餐相关的列（`MAIN`、`BASE`、`SIDE_1`，而且 `SIDE_2` 仅列出了它的唯一编号，并没有名字）。这样的订单信息很难阅读，我们想引入 `df_items` 表来给出唯一编号对应的名字：

```
df_items.head()
```

	ITEM_ID	ITEM_NAME	ITEM_TYPE
0	I7	Farro with Summer Vegetables	Bases
1	I39	Spindrift Lemon	Drinks
2	I5	Classic Brown Rice	Bases
3	I36	Kombucha	Drinks
4	I8	Cauliflower with Garlic and Parmesan	Market Sides

而且，我们想创建包含名称而不是唯一编号的列，列名为 `MAIN_NAME`、`BASE_NAME`、`SIDE_1_NAME` 和 `SIDE_2_NAME`。

深入研究这个问题之前，先问问自己这里正确的连接类型是什么。♦ 这里暂停一下，看看你能不能弄明白。答案是左连接，左表为 df_orders。为什么？原因是我们想使用订单列表作为"基础数据集"，保留所有这些订单，并引入相关的名称。这里，依次讨论一下其他类型的连接并了解它们为什么不合适。

- ❑ 只要 df_orders 表中的每一项都在 df_items 中存在，**内部连接**的结果就应该与左连接相同。为什么结果不是这样呢？除了数据错误，df_orders 可能还会引用一个旧菜单上曾经出售过但由于某种原因已经停止销售并从数据库中删除的旧套餐。在这种情况下，执行内部连接将删除涉及这些内容的任何订单。这肯定是错误的做法，因为这样的话我们的订单看起来会比实际少。即使这些订单中的套餐已经停止销售，但是订单仍然存在，应该被计算在内。
- ❑ **外部连接**会保留每一笔订单，但考虑一下如果 df_items 中有从未被买过的菜品会发生什么。外部连接将为这些菜品创建额外的行，从而创建实际上并不存在的"幻影订单"。
- ❑ **右连接**会为从未订购过的菜品创建订单，并删除任何不在 df_items 中的菜品的订单。

类似地，orders 表中只包含餐厅唯一编号，而不包含餐厅名称。你可能想使用 df_restaurants 表将餐厅名称放入 RESTAURANT_NAME 列：

```
df_restaurants.head()
```

	RESTAURANT_ID	NAME	ADDRESS	LAT	LONG
0	R10001	Columbia	2884 Broadway, New York, NY 10025	40.811470	-73.961230
1	R10002	Midtown	1379 6th Ave, New York, NY 10019	40.763640	-73.977960
2	R10005	Flatiron	40 W 25th St, New York, NY 10010	40.743600	-73.991070

这里应该用哪种连接？♦ 出于同样的原因，这里需要用左连接，左表为 df_orders。

现在可以干活了。让我们从两个问题中较容易的一个开始——引入餐厅的名字。回顾一下7.6节的内容，问问自己这个连接的关键"要素"是什么，以及它们如何适用 pd.merge() 函数。♦ 下面的代码应该可以做到这一点：

```
df_res = ( pd.merge(df_orders,
        df_restaurants[['RESTAURANT_ID', 'NAME']],
```

```
                left_on='RESTAURANT_ID',
                right_on='RESTAURANT_ID',
                how='left')
        .rename(columns={'NAME': 'RESTAURANT_NAME'}) )
```

如果你的答案不是这样的，请在我们解释它之前花一些时间看看你是否能理解我们的答案。♦

(1) 将 df_orders 指定为左表，将 df_restaurants 指定为右表。我们在 df_restaurants 中谨慎地只选择了 RESTAURANT_ID 列和 NAME 列，因为不想引入其他列（试着看看不这样做会发生什么）。

(2) 指定连接键位于两张表中名为 RESTAURANT_ID 的列中。

(3) 指定想要左连接，正如刚刚讨论的那样。

(4) 将引入的 NAME 列重命名为 RESTAURANT_NAME（尝试在不使用 rename()函数的情况下运行此语句以了解其效果）。

(5) 将结果保存在 df_res 中。我们会将其用作最终的"结果"数据框，一个接一个地为它添加列。

下面来看看到目前为止我们的劳动成果：

df_res.head()

TYPE	DRINKS	COOKIES	MAIN	BASE	SIDE_1	SIDE_2	RESTAURANT_NAME
STORE	1.0	2.0	NaN	NaN	NaN	NaN	Midtown
STORE	0.0	0.0	NaN	NaN	NaN	NaN	Bryant Park

请注意，我们已经成功添加了一个包含餐厅名称的列。

现在进入第二个任务——查找每笔订单中的菜品名称。先从 MAIN 列开始，创建一个名为 MAIN_NAME 的列。再花一点儿时间，看看你是否能找出连接的要素是什么。♦

❑ 现在左表是 df_res，它是原来的 df_order 表增加了新列 RESTAURANT_NAME 后产生的新表。右表是 df_items（如上所述，我们需要选择关心的列——ITEM_ID 和 ITEM_NAME）。

❑ 这是我们第一次遇到两张表中的连接键不相同的连接。在左表中，包含我们关心的菜品唯一编号的列是 MAIN；在右表中，它是 ITEM_ID。

❑ 如前所述，连接类型为左连接。

根据这些要素，我们的连接代码如下所示。♦ 注意，我们还没有将结果保存在 df_res 中。在完成之前，还需要对这些代码做一些修改：

```
( pd.merge(df_res,
          df_items[['ITEM_ID', 'ITEM_NAME']],
          left_on='MAIN',
          right_on='ITEM_ID',
          how='left')
    .rename(columns={'ITEM_NAME':'MAIN_NAME'}) ).head()
```

COOKIES	MAIN	BASE	SIDE_1	SIDE_2	RESTAURANT_NAME	ITEM_ID	MAIN_NAME
2.0	NaN	NaN	NaN	NaN	Midtown	NaN	NaN
0.0	NaN	NaN	NaN	NaN	Bryant Park	NaN	NaN
2.0	I0	I7	I15	I14	Columbia	I0	Charred Chicken Marketbowl
0.0	I0	I5	I9	I12	Flatiron	I0	Charred Chicken Marketbowl
0.0	I1	I7	I9	I9	Williamsburg	I1	Spicy Meatballs Marketbowl

上表基本上与预期一致。 不过，还有最后一个问题。结果表中还包含一个名为 `ITEM_ID` 的
列。为了理解它的来源，我们来研究一下要连接的两张表中的列，并使用一行来显示每张表中的
连接键，如下图所示。

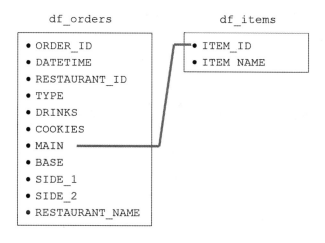

正如我们所提到的，pandas 将始终引入第二张表中的每一列——在本例中，这包括 ITEM_ID 列。不能在连接之前删除该列，因为它是我们连接进来的列。最简单的处理方法是在结尾处删除这个列：

```
df_res = ( pd.merge(df_res,
                    df_items[['ITEM_ID', 'ITEM_NAME']],
                    left_on='MAIN',
                    right_on='ITEM_ID',
                    how='left')
         .rename(columns={'ITEM_NAME': 'MAIN_NAME'})
         .drop(columns='ITEM_ID') )
```

最后一步是对其他列（BASE、SIDE_1 和 SIDE_2）执行同样的操作。一种简单的方法是复制并粘贴上面的代码，然后对其进行适当的修改。你知道需要修改代码中的哪些部分吗？ ♦ 只有两个地方需要更改：第一个是 left_on 自变量（例如，必须把它改为 BASE 来指定你想要引入的内容），第二个是你在最后一行中将该列重命名后的名称（新名称将为 BASE_NAME）。最后，对 SIDE_1 和 SIDE_2 重复这个过程（有关代码请参阅本章的 Jupyter Notebook）。

你可能已经想到，这种重复复制、粘贴代码的操作可以使用循环来实现。具体代码在本章的 Jupyter Notebook 中。强烈建议你在查看代码之前自己先尝试一下。 给你个提示：想要找出你应该循环的变量，可以问问自己在这里复制的是什么。♦

以下是我们辛勤工作的成果：

```
df_res.head()
```

RESTAURANT_NAME	MAIN_NAME	BASE_NAME	SIDE_1_NAME	SIDE_2_NAME
Midtown	NaN	NaN	NaN	NaN
Bryant Park	NaN	NaN	NaN	NaN
Columbia	Charred Chicken	Farro with Summer	Snap Peas	Green Goddess Beans with

现在可以生成更有意义的图表了，例如，找出迪格销售的套餐中最受欢迎的主菜：

```
df_res.MAIN_NAME.value_counts().plot(kind='bar')
```

```
<matplotlib.axes._subplots.AxesSubplot at 0x109323750>
```

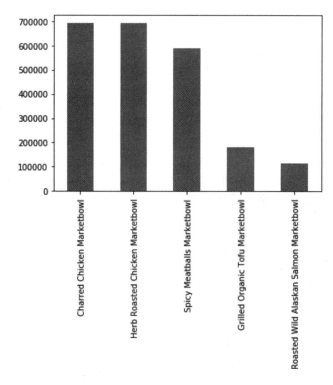

上面这张条形图比用唯一编号绘制的条形图更容易理解。

7.10 总结

本章开始时，我们讨论了需要合并数据集的情况，并介绍了在这些情况下可以使用的各种连接操作。

然后，我们应用所学知识为迪格创建了一个更有用的 df_orders 数据集。这个合并后的数据集将是我们在未来章节中的大部分工作的基础。那么，让我们保存它，以确保以后可以重新加载。

可以运行如下代码：

```
df_res.to_pickle('Chapter 7/orders. pickle')
```

本章中介绍的概念非常复杂——实际上，它们可以构成一本关于数据库的书。然而，我们需要为你提供一个坚实的基础，并为你在 Python 中使用多个数据集做好准备。在本书的剩余部分中，我们会继续使用这些概念来进行涉及多个数据集的有用分析。

第 8 章

聚　　合

本章将讨论本书的最后一个主题——聚合。聚合和连接是 pandas 提供的最有用的两个操作。聚合在任何需要组合多个行并对其进行汇总的情况下都很有用。

你可以把聚合看作 Excel 数据透视表的进化。

在 6.5.3 节中，当我们引入 mean()函数时，曾经介绍过简单的聚合示例。例如，在迪格的 df_summarized_orders 数据集中，运行以下代码：

```
df_summarized_orders.NUM_ORDERS.mean()
```

通过查找 NUM_ORDERS 列的平均值来组合（**聚合**）数据集中的每一行。

本章将把对聚合的研究扩展到更复杂的情况，即我们希望在数据集的某些切片上进行聚合。本章将在后面部分讨论一些例子，比如按餐厅来计算平均订单数。当然，你可以通过遍历每家餐厅的名称，将数据框过滤到相应餐厅，并分别在剩余数据中查找平均订单数来实现这一点，但本章将研究更高效的技术。

8.1　本章内容简介

本章将先介绍聚合的基础知识——大致相当于在 Excel 中创建一张简单的数据透视表。然后，我们会讲解一些高级应用，例如，对多个列进行聚合以及对日期和时间列进行聚合。

8.2　准备工作

开始之前，请先为本章创建一个新的 Jupyter Notebook。本章会用到你在 5.2 节中创建的 Part 2 目录。下面先导入一些你需要的包。在第一个单元格中粘贴以下代码并运行：

```
import pandas as pd
import matplotlib.pyplot as plt
```

接下来，加载你在前几章中保存的一些文件。要执行此操作，请将以下代码复制到下一个单元格中并运行：

```
df_students = pd.read_pickle('Chapter 5/students.pickle')
df_summarized_orders = pd.read_pickle(
                'Chapter 5/summarized_orders.pickle')
df_orders = pd.read_pickle('Chapter 7/orders.pickle')
```

和以往一样，本章的 Jupyter Notebook 以及前几章的文件都可以在图灵社区本书页面的"随书下载"处找到。

8.3　聚合的基础

我们将从 df_students 数据集开始研究聚合，该数据集非常小，你甚至可以准确地看到每个聚合操作正在做什么，并了解其工作原理。一旦掌握了这些基础知识，你就可以转向更大、更真实的迪格数据集了。

先来看看 df_students 数据集长什么样子：

```
df_students.head()
```

	FIRST_NAME	LAST_NAME	YEAR	HOME_STATE	AGE	CALC_101_FINAL
0	Daniel	Smith	1	NY	18	90.0
1	Ben	Leibstrom	1	NY	19	80.0
2	Kavita	Kanabar	1	PA	19	NaN
3	Linda	Thiel	4	CA	22	60.0
4	Omar	Reichel	2	OK	21	70.0

作为第一个基本操作，假设你想找到每个学年学生的平均年龄。现在你已经掌握非常多的信息，因此可以手动完成这项工作。你可以查看每个学年，将数据框过滤到相应学年，并找到平均年龄，但这真的很麻烦。

幸运的是，pandas 提供了一种更简单的方法，你可以用 groupby()函数在一行中执行上面的操作：

```
df_students.groupby('YEAR').AGE.mean()
```

```
YEAR
1    18.2
2    20.0
3    20.0
4    22.0
Name: AGE, dtype: float64
```

让我们从将 groupby()函数应用于 df_students 开始理解一下上述语句的每个部分。首先，传递 YEAR（列的名称），以指定希望通过该列将数据集分隔为多张表；接下来，选择 AGE（列的名称）作为要进行计算的列；最后，应用 mean()函数来找到该列的平均值。

以下几点需要注意。

❑ 查看结果的结构，注意它没有被格式化为表格。正如我们之前看到的，这意味着输出是一个序列，而不是一张表格。该序列的结构是这样的，即索引给出了特定的分组类别，值给出了聚合函数。可以使用 reset_index()将其转换为数据框。

```
df_students.groupby('YEAR').AGE.mean().reset_index()
```

	YEAR	AGE
0	1	18.2
1	2	20.0
2	3	20.0
3	4	22.0

请注意，这是我们不想在 reset_index()上使用 drop=True 的情况之一。在这种情况下，我们希望保留索引，因为它包含有价值的信息。

❑ 在上一个示例中，在 YEAR 列上进行分组。groupby()函数的优点是它允许你对多个列进行分组。例如，要通过 YEAR 和 HOME_STATE 找到平均年龄，可以这样做。

```
df_students.groupby(['YEAR', 'HOME_STATE']).AGE.mean()
```

```
YEAR    HOME_STATE
1       FL              17.5
        NY              18.5
        PA              19.0
2       HI              19.0
        OK              21.0
3       NY              20.0
4       CA              22.0
Name: AGE, dtype: float64
```

注意语法，这里不是将单个列名作为字符串传递给 groupby()，而是传递了一个包含两个列的列表。同样，结果是一个序列，索引包含我们分组的列，值包含平均年龄。因为现在是按两列分组，所以索引的结构稍微复杂一点儿——这被称为**多级索引**，其内容超出了本书的范畴。可以通过简单地重置索引以获得更熟悉的结构。

```
df_students.groupby(['YEAR', 'HOME_STATE']).AGE.mean().reset_index()
```

	YEAR	HOME_STATE	AGE
0	1	FL	17.5
1	1	NY	18.5
2	1	PA	19.0
3	2	HI	19.0
4	2	OK	21.0
5	3	NY	20.0
6	4	CA	22.0

❑ 请注意，这里使用了 .AGE 来访问 groupby() 之后的 AGE 列。就像在数据框中一样，也可以使用['AGE']来访问 groupby() 中的列。

```
df_students.groupby('YEAR')['AGE'].mean()
```

```
YEAR
1    18.2
2    20.0
3    20.0
4    22.0
Name: AGE, dtype: float64
```

由于结果序列的结构，你也可以很容易地绘制一个简单的 groupby() 的结果，如下所示：

```
df_students.groupby('YEAR').AGE.mean().plot(kind='bar')
```

```
<matplotlib.axes._subplots.AxesSubplot at 0x1222f0e50>
```

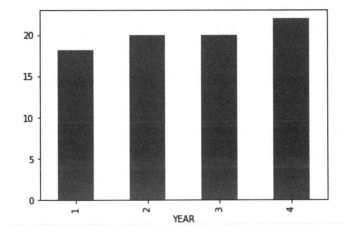

让我们来练习一下，在 df_summarized_orders 数据集上查找每家餐厅的平均每日订单数：

```
( df_summarized_orders.groupby('RESTAURANT_NAME')
                      .NUM_ORDERS.mean() )
```

```
RESTAURANT_NAME
Bryant Park          871.436782
Columbia             687.150685
Flatiron             772.556164
Midtown              891.136986
NYU                 1180.438356
Upper East Side      774.650704
Upper West Side      770.372603
Williamsburg         862.120548
Name: NUM_ORDERS, dtype: float64
```

将这些数值与你使用不同方法得到的数值进行比较是很有趣的。让我们使用完整的订单数据集（一个一个地列出每笔订单，而不是按天汇总）。为了在一年的数据中找到订单总数，可以先计算每家餐厅在该数据集中出现的次数，然后用其除以 365：

```
df_orders.RESTAURANT_NAME.value_counts() / 365
```

```
NYU                 1180.438356
Midtown              891.136986
Williamsburg         862.120548
Flatiron             772.556164
Upper West Side      770.372603
Upper East Side      753.427397
Columbia             687.150685
Bryant Park          623.136986
Name: RESTAURANT_NAME, dtype: float64
```

请注意这里的一个非常奇怪的事实：对于一些餐厅（如纽约大学餐厅和哥伦比亚餐厅），使用两种方法获得的数值是相同的。然而，对于其他餐厅（如上东区餐厅和布莱恩特公园餐厅），使用两种方法获得的数值是不同的。你能想到是为什么吗？暂停一下，看看你能不能弄明白。◆

这里的关键点是，对于一年中每天都有销售额的餐厅，使用这两种方法计算的结果是相同的（如纽约大学餐厅和哥伦比亚餐厅）。然而，对于在某些日期（如在周末或公共假日）不营业的餐厅，使用这两种方法计算的结果是不同的。要理解为什么，请考虑这些方法实际上在做什么。

❑ 正如我们在第 6 章中看到的，df_summarized_orders 只列出了在给定餐厅发生订单的日期。如果在给定的一天（比如在餐厅不营业的那天）没有发生订单，那么该日期就不会出现在该数据集中。因此，当你找到一个平均值时，它会给出**餐厅营业期间**平均每日订单数，不包括没有销售额的日子。

❑ 第二种方法是将天数除以 365，而不考虑实际发生销售的天数。

这两种方法都不一定是对的或错的，即每种方法都适合回答不同类型的问题，举例如下。

❑ 第一种方法可能适用于决定每天向餐厅运送多少易腐物品（如新鲜蔬菜）。因为送货只会发生在餐厅营业的日子，所以餐厅营业期间平均每日订单数是合适的。

❑ 第二种方法可能适用于餐厅的会计和财务统计。在决定一家餐厅一年能赚多少钱时，每一天的营业额都很重要。

我们介绍这个例子是为了说明，即使是使用数据回答一个简单的问题，也有相当多的细节需要考虑，并要真正了解业务的运作方式。幸运的是，如果一直坚持到现在，那么你对 pandas 的理解就已经足够深入了，你可以真正理解每一个操作都在做什么，并在给定的情况下找出哪一个是正确的方法。

8.3.1 聚合函数

每个示例都使用了相同的聚合操作——查找列的平均值。pandas 还提供了许多其他的函数，具体如下。

❑ 统计量相关。

➢ mean()：求平均值。

➢ median()：求中位数。

➢ sum()：求和。

➢ min()：求最小值。

➢ max()：求最大值。

➢ std()和 sem()：求标准差以及标准误差均值。标准差和标准误差的确切定义超出了本书的范畴，请自行了解。

请注意，这些方法在使用时都会**忽略**缺失值（NaN）。例如，在计算平均值时，函数将对所有非缺失值求和，然后除以非缺失值的数量，就好像缺失值从未存在过一样。这通常是正确的做法，但并不总是如此。如果缺失值代表 0（比如有些日子没有产生销售），那么就必须先使用 fillna(0)将它们替换为 0（参见 6.7.2 节），否则就会出错。

❑ 计数变量。

➢ size()：返回行数，其中**包括**含缺失值的行。

➢ count()：返回行数，**不包括**含缺失值的行。

➢ nunique()：返回**唯一**值的数量，忽略任何缺失值。

让我们在 df_orders 数据框中使用聚合操作来查找每家餐厅的订单数量。我们已经使用 value_counts()这么做过，现在可以尝试使用 groupby()：♦

```
df_orders.groupby('RESTAURANT_NAME').TYPE.size()
```

```
RESTAURANT_NAME
Bryant Park         227445
Columbia            250810
Flatiron            281983
Midtown             325265
NYU                 430860
Upper East Side     275001
Upper West Side     281186
Williamsburg        314674
Name: TYPE, dtype: int64
```

请注意，size()不需要针对特定的列进行操作——它只计算行数。我们选择了 TYPE，也可以选择任何其他行，或者不选择行：[1]

```
df_orders.groupby('RESTAURANT_NAME').size()
```

```
RESTAURANT_NAME
Bryant Park         227445
Columbia            250810
Flatiron            281983
Midtown             325265
NYU                 430860
Upper East Side     275001
Upper West Side     281186
Williamsburg        314674
dtype: int64
```

将这些结果与 value_counts()的结果进行比较，你会发现结果是相同的：

```
df_orders.RESTAURANT_NAME.value_counts()
```

```
NYU                 430860
Midtown             325265
Williamsburg        314674
Flatiron            281983
Upper West Side     281186
Upper East Side     275001
Columbia            250810
Bryant Park         227445
Name: RESTAURANT_NAME, dtype: int64
```

当然，groupby()的好处是它允许你在多个列上创建组。例如，你可以找到每家餐厅的每种类型的订单数量：♦

```
df_orders.groupby(['RESTAURANT_NAME', 'TYPE']).size()
```

```
RESTAURANT_NAME   TYPE
Bryant Park       DELIVERY      15613
                  IN_STORE     171494
                  PICKUP        40338
Columbia          DELIVERY      25247
                  IN_STORE     182603
                  PICKUP        42960
Flatiron          DELIVERY      28859
                  IN_STORE     204607
                  PICKUP        48517
Midtown           DELIVERY      22380
                  IN_STORE     244980
                  PICKUP        57905
NYU               DELIVERY      43310
                  IN_STORE     314832
                  PICKUP        72718
Upper East Side   DELIVERY      52080
                  IN_STORE     180605
                  PICKUP        42316
Upper West Side   DELIVERY      53337
                  IN_STORE     184588
                  PICKUP        43261
Williamsburg      DELIVERY      31822
                  IN_STORE     229427
                  PICKUP        53425
dtype: int64
```

希望这个例子能够向你展示 groupby() 的强大功能。

8.3.2 使用 unstack()

当聚合多个列时，使用 unstack() 函数会非常方便。考虑 8.3.1 节中的最后一个连接，因为聚合了多个列，所以最终你得到了一个具有两列索引的序列——一个是你聚合的第 1 列（RESTAURANT_NAME），另一个是第二列（TYPE）。[2]可以使用 reset_index() 将此序列转化为数据框：

```
( df_orders.groupby(['RESTAURANT_NAME', 'TYPE'])
                    .size().reset_index().head() )
```

	RESTAURANT_NAME	TYPE	0
0	Bryant Park	DELIVERY	15613
1	Bryant Park	IN_STORE	171494
2	Bryant Park	PICKUP	40338
3	Columbia	DELIVERY	25247
4	Columbia	IN_STORE	182603

　　请注意索引的每一列是如何转换为数据框中的一列的。

　　unstack()函数采用了不同的方法。它会获取索引中的最后一列,并为该索引中的每个唯一值创建一列,从而"解栈"表:

```
df_orders.groupby(['RESTAURANT_NAME', 'TYPE']).size().unstack()
```

TYPE	DELIVERY	IN_STORE	PICKUP
RESTAURANT_NAME			
Bryant Park	15613	171494	40338
Columbia	25247	182603	42960
Flatiron	28859	204607	48517
Midtown	22380	244980	57905
NYU	43310	314832	72718
Upper East Side	52080	180605	42316
Upper West Side	53337	184588	43261
Williamsburg	31822	229427	53425

　　请注意,此表包含与序列相同的结果,但经过重新调整后,结果中包含了订单类型列。在第 9 章中,当我们处理更复杂的问题时,这个操作将非常有用。

8.4　对多列进行计算

　　到目前为止,我们展示的示例都只考虑对单列进行聚合。通常,我们希望对**多列**进行聚合。举个简单的例子,假设你想找出每家餐厅每笔订单的平均饮料数量和平均饼干数量。

　　聚合函数同样可以作用在多个列上(本例同时对 DRINKS 列和 COOKIES 列使用了 mean()聚合函数),你只需要在 groupby()之后选择这两列(注意,这与在数据框中选择多列非常相似):

```
( df_orders.groupby('RESTAURANT_NAME')[['DRINKS', 'COOKIES']]
                                                    .mean() )
```

	DRINKS	COOKIES
RESTAURANT_NAME		
Bryant Park	0.098138	0.261294
Columbia	0.066572	0.259049
Flatiron	0.097637	0.259161
Midtown	0.126128	0.260683
NYU	0.075769	0.258898
Upper East Side	0.118145	0.257603
Upper West Side	0.097032	0.260475
Williamsburg	0.096446	0.258750

请注意，如果**没有**指定要进行聚合的列，而只是使用 df_orders.groupby('RESTAURANT_NAME').mean()，那么你将需要计算数据集中每个数值列的平均值。

当聚合涉及在每列上应用不同的聚合函数时，情况会稍微复杂一些。

特别是，假设你想要为每家餐厅创建一个包含以下数据的数据框：

❑ 每笔订单的平均饮料数量；

❑ 在 MAIN 列上具有非缺失值的订单（换句话说，具有套餐的订单）数量。

第 1 列需要使用 mean()，第 2 列需要使用 count()（排除含缺失值的行）。最简洁的方法是使用 pandas 中 agg() 函数的一个特殊语法。[3]

```
( df_orders.groupby('RESTAURANT_NAME')
        .agg(AV_DRINKS = ('DRINKS', 'mean'),
            N_W_MAIN = ('MAIN', 'count')) )
```

	AV_DRINKS	N_W_MAIN
RESTAURANT_NAME		
Bryant Park	0.098138	216767
Columbia	0.066572	239406
Flatiron	0.097637	268909
Midtown	0.126128	309502
NYU	0.075769	411253
Upper East Side	0.118145	261957
Upper West Side	0.097032	268023
Williamsburg	0.096446	299822

请注意该函数的工作方式。[4]

□ 它可以直接应用于 groupby()，而无须选择特定列。

□ 对于每一个要在输出中展示的列，你需要向该函数传递一个对应的参数。每个参数都应该是输出列的名称（如 AV_DRINKS），并且它应该与被 () 包含的两个参数［第一个参数是原始表中的**输入列**（如'DRINKS'），第二个参数是要应用的函数的名称（字符串形式，比如'mean'）］相等。

使用这个函数，我们可以进行许多令人眼花缭乱的聚合操作，以解决复杂的业务问题。第 9 章将介绍更多的例子。

最后一点：在 6.7 节讨论列的转换操作时，你可能注意到了，有时 pandas 中没有内置函数来完成你想要的操作。对于这种情况，我们介绍了 apply()函数（参见 6.7.7 节）。你还可以使用自定义函数进行聚合操作。

8.5　更复杂的分组

本节将使用两种更高级的方式来对数据框进行分组：使用序列以及使用日期和时间。

8.5.1　使用序列进行分组

假设你想要知道购买饮料的人是否更有可能同时购买饼干。

一种方法是在 df_orders 中添加一个名为 HAS_DRINK 的列，然后按照该列进行分组：

```
df_orders['HAS_DRINK'] = (df_orders.DRINKS > 0)
df_orders.groupby('HAS_DRINK').COOKIES.mean()


HAS_DRINK
False    0.259543
True     0.258149
Name: COOKIES, dtype: float64
```

先创建一个名为 HAS_DRINK 的列。对于每一行，如果该行的订单中包含饮料，那么该列的值就为 True，否则为 False。然后选择所有 HAS_DRINK=False 的行，查看这些行的 COOKIES 列，并计算平均值（约为 0.26）。对 HAS_DRINK=True 的行也进行同样的操作。

从结果来看，购买饮料似乎并不会明显影响购买饼干的倾向，因为这两个数值相近。

然而，pandas 允许你在不创建新列的情况下进行操作，方法如下：

```
df_orders.groupby(df_orders.DRINKS > 0).COOKIES.mean()
```

```
DRINKS
False    0.259543
True     0.258149
Name: COOKIES, dtype: float64
```

在这里，groupby()函数中的文本 df_order.DRINKS > 0 只是一个序列，如果订单中有饮料就为 True，否则为 False。只需将这个序列传递给 groupby()函数，pandas 即可自动根据该序列进行分组，这在实现复杂的 groupby()操作时非常方便。

8.5.2　使用日期和时间进行分组

还有一种值得讨论的分组方式是按日期和时间进行分组。pandas 有一个名为 resample()的函数，它的用法与 groupby()完全相同，但适用于日期和时间。然而，有一个关键的区别——为了能够使用 resample()，你需要确保日期和时间列是数据框的索引，而不仅仅是其中的一列。[5] 让我们在迪格数据集上看看它的运行示例：

```
( df_orders.set_index('DATETIME')
        .resample('D')
        .DRINKS
        .mean()
        .reset_index()
        .head() )
```

	DATETIME	DRINKS
0	2018-01-01	0.064363
1	2018-01-02	0.083897
2	2018-01-03	0.069347
3	2018-01-04	0.076179
4	2018-01-05	0.080892

首先将数据框的索引设置为 DATETIME 列。然后应用 resample()函数，并通过 D 参数指定按天进行分组。最后将结果视为进行了 groupby()操作。在这里，结果返回了平均每天的饮料数量。

D 并不是唯一可以与该函数一起使用的时间周期，可用选项如下。

❑ T——分。
❑ H——时。
❑ D——天。
❑ W——周。
❑ M——月。

❑ Y——年。

❑ B——工作日，这允许你生成仅列出**工作日**（不包括周末）的时间序列。周末发生的任何数据点都被合并到星期五。

❑ BM——工作月，与工作日相同，但适用于月份。

函数所支持的所有时间周期的完整列表可以在 pandas 文档中找到。

当然，你现在可以随时对分析的结果进行绘图，这可能会产生一些强大的结果。例如，让我们绘制哥伦比亚餐厅每天的订单总数。◆ 如果你在解决此问题时遇到一些困难，可以将任务分解为以下步骤。

(1) 将订单筛选为哥伦比亚餐厅的订单。

(2) 将索引设置为 DATETIME 列。

(3) 调用 resample()。

(4) 计算订单数量（如果不记得使用哪个函数，请回顾一下 8.3.1 节）。

(5) 绘制图表。

以下是具体做法：◆

```
( df_orders
  [df_orders.RESTAURANT_NAME == 'Columbia']
  .set_index('DATETIME')
  .resample('D')
  .size()
  .plot() )
```

```
<matplotlib.axes._subplots.AxesSubplot at 0x10d8393d0>
```

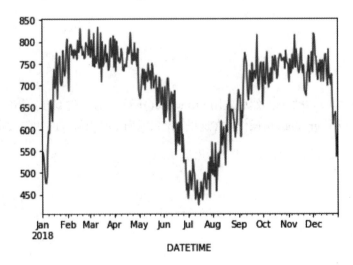

下面来回顾一下每个步骤（下文中的数字对应于代码中的行号）。

2. 将 df_orders 筛选为仅包含哥伦比亚餐厅的订单。

3. 将数据框的索引设置为 DATETIME 列。

4. 将其重采样为每日。

5. 计算每天的订单数量。

6. 将索引（在本例中为日期）作为 x 轴来绘制图表。

从上述图表中可以看到，餐厅的订单数量存在明显的季节性：夏季和冬季订单较少，而在学期内订单较多。

你可能想知道，这种模式是否普遍存在？如果想将此结果绘制为**所有**餐厅的总体情况，那么要如何修改上述语句？◆ 只需删除用于筛选哥伦比亚餐厅的代码即可：

```
( df_orders
  .set_index('DATETIME')
  .resample('D')
  .size()
  .plot() )
```

```
<matplotlib.axes._subplots.AxesSubplot at 0x11f974190>
```

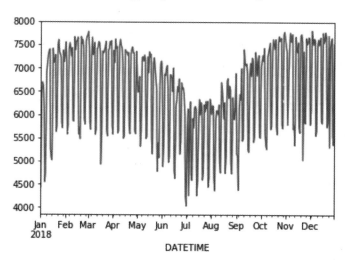

观察上述图表可以发现，即使在多家餐厅中这种模式似乎仍然存在，但那些向下的尖峰使得图表很难被阅读。你认为是什么原因导致这种情况发生？◆ 最有可能的解释是许多餐厅周末不营业。因此，每隔 7 天，订单数量会大幅下降，只有少数餐厅在周末会接到订单。

如何修复这张图表？◆ 一种方法是按周而不是按天绘制，并计算每周的销售数量。怎么做呢？◆ 只需将 D 替换为 W。使用这种方法的一个问题是，它会得到一张仅包含 52 个点（代表一年中的

52 周）的图表，而且这张图表可能看起来有些不平滑。

有没有更好的方法呢？◆ 一种方法是绘制移动平均线，在每一天，不是绘制该天的销售量，而是绘制前两周的平均销售量。这将"平滑"掉销售量的短期变化。

你可以使用 pandas 的 rolling() 函数来实现这一点，该函数类似于 groupby()。为了理解它的工作原理，看一下之前 resample() 操作的结果会有帮助（以下代码与生成哥伦比亚图表的代码相同，但末尾没有 plot()）：

```
( df_orders
  [df_orders.RESTAURANT_NAME == 'Columbia']
  .set_index('DATETIME')
  .resample('D')
  .size()
  .head() )

DATETIME
2018-01-01      519
2018-01-02      547
2018-01-03      532
2018-01-04      502
2018-01-05      477
Freq: D, dtype: int64
```

现在考虑以下代码：

```
( df_orders
  [df_orders.RESTAURANT_NAME == 'Columbia']
  .set_index('DATETIME')
  .resample('D')
  .size()
  .rolling(3)
  .mean()
  .head() )

DATETIME
2018-01-01              NaN
2018-01-02              NaN
2018-01-03       532.666667
2018-01-04       527.000000
2018-01-05       503.666667
Freq: D, dtype: float64
```

在上述代码中，rolling(3) 要求 pandas 创建一个以该日期结束的 3 天滚动窗口，mean() 计算该窗口内销售量的**平均值**。注意在结果中，1 月 1 日和 1 月 2 日的值是缺失的，因为原始数据中没有这两天之前 3 天的数据。在 1 月 3 日，我们取 1 月 1 日、1 月 2 日和 1 月 3 日的订单数量的平均值得到的 532.666667（(519 + 547 + 532) / 3），其他每天也是如此。pandas 提供了许多自定义 rolling() 函数的方法——函数文档中有非常详细的介绍。

现在终于可以绘制整体销售图的平滑版本了。我们将使用 14 天的移动平均线，你也可以尝试其他数值以改变图表的平滑程度：♦

```
( df_orders
  .set_index('DATETIME')
  .resample('D')
  .size()
  .rolling(14)
  .mean()
  .plot() )
```

```
<matplotlib.axes._subplots.AxesSubplot at 0x1201b4e90>
```

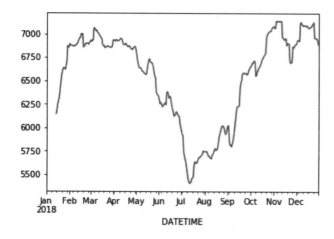

所有餐厅销量的季节性变化现在已经显而易见了。

结束本章之前，最后再强调一点。resample() 和 rolling() 都可以与 groupby() 结合使用以进行强大的数据分析。例如，让我们找出每家餐厅每天的总销售量：♦

```
( df_orders.set_index(df_orders.DATETIME)
        .groupby('RESTAURANT_NAME')
        .resample('D')
        .size()
        .reset_index()
        .head() )
```

	RESTAURANT_NAME	DATETIME	0
0	Bryant Park	2018-01-01	373
1	Bryant Park	2018-01-02	789
2	Bryant Park	2018-01-03	818
3	Bryant Park	2018-01-04	782
4	Bryant Park	2018-01-05	719

这里我们将餐厅进行分组，然后按天来重新采样，找出每个组中的行数。

还有最后一个例子来确保你理解了这个概念。假设你要找出 2018 年每个月每家餐厅销售的饮料总数，那么可以按如下方式进行操作：◆

```
( df_orders.set_index(df_orders.DATETIME)
          .groupby('RESTAURANT_NAME')
          .resample('M')
          .DRINKS
          .sum()
          .reset_index()
          .head() )
```

	RESTAURANT_NAME	DATETIME	DRINKS
0	Bryant Park	2018-01-31	1414.0
1	Bryant Park	2018-02-28	1336.0
2	Bryant Park	2018-03-31	1427.0
3	Bryant Park	2018-04-30	1478.0
4	Bryant Park	2018-05-31	2340.0

观察上述结果，订单似乎在 5 月份开始增加，因为天气开始变得更热。第 9 章将对此进行更详细的研究。

注意，我们在 8.4 节中讨论的 agg() 函数是 pandas 的一个相对较新的功能。不幸的是，它还不能与使用 resample() 函数或 rolling() 函数进行分组的数据框一起使用。因此，如果你想使用 resample() 进行多个函数的聚合，则需要逐个进行聚合，然后将结果表连接起来。9.9 节将介绍相应的例子。

8.6   总结

本章介绍了聚合的基础知识。我们看到了 pandas 如何在更大的数据集上以更强的灵活性来替代 Excel 中数据透视表的功能。此外，我们还讨论了在序列和包含日期和时间的列上进行聚合的方法。

我们已经走了很长的路，差不多完成了对 pandas 的学习。在第 9 章，我们将回到第 5 章中对迪格案例的研究，将所学的一切综合起来，回答与迪格业务相关的一些问题。

第 9 章

实　　践

我们相处的日子马上就要结束了（令人心碎，我们知道……）。最后一章可以说会达到巅峰，我们将回到迪格案例，利用到目前为止所学到的一切来解决一系列综合性问题。

本章汇集了第二部分中讨论的很多问题，其中一些可能会很复杂。企业在处理数据时，每天面临的真实问题也是如此，这将让你练习解决这些问题的能力。即使无法理解每行代码的含义，阅读这些问题的解决方案也将使你对数据集分析的一些有趣方法有所了解。

9.1　本章内容简介

本章将按照难度逐渐增加的顺序安排问题，这样你就可以逐步掌握复杂的分析了。

在第 5 章中，我们介绍了迪格公司和公司的高级经理谢林·阿斯马特，她负责分析数据和运营产品。本章的问题基于第 5 章中介绍过的迪格 3 个部分的业务。

- □ 推出新产品或新服务（具体来说，是迪格外卖优先的服务）。具体参见 9.3 节、9.4 节、9.7 节和 9.8 节。
- □ 迪格餐厅的人员配置。具体参见 9.5 节和 9.9 节。
- □ 公司向数据驱动型公司的转型。具体参见 9.6 节。

9.2　准备工作

在开始之前，先为本章创建一个新的 Jupyter Notebook。你需要导入一些必要的包。然后将以下代码复制到第一个单元格中并运行：

```
import pandas as pd
import matplotlib.pyplot as plt
```

接下来，你需要加载一些在前几章中创建的文件。为此，请将以下代码复制到下一个单元格中并运行：

```
df_summarized_orders = pd.read_pickle(
                    'Chapter 5/summarized_orders.pickle')
df_orders = pd.read_pickle('Chapter 7/orders.pickle')
```

和往常一样，本章的 Jupyter Notebook 以及以前章节的所有文件都可以在图灵社区本书页面的"随书下载"处找到。如果你跳过了前面的章节，请确保下载上述代码中的每个文件并放置在命名正确的目录中。

9.3　新产品分析：为成功创造"肥沃的土壤"

正如你在迪格的故事中所看到的，该公司最引以为豪的一点是每家餐厅都在现场制作食物。事实上，根据这一理念，所有员工都接受了在餐厅内制作食物的培训。然而，也有例外情况——瓶装饮料和罐装饮料不能现场制作，因为生产这些产品所需的基础设施通常具有限制性。此外，与迪格一样，一些生产这些产品的公司坚持的是负责任采购和高质量原材料的理念。

因此，迪格并不自己生产瓶装饮料和罐装饮料，而是销售其他公司生产的产品。

在本节中，我们将考虑一个假设的未来情景，即迪格决定推出自己的新款系列饮料。当一家公司决定推出新产品时，它通常会选择先在一个地方进行试点，然后再全面推广。我们将探讨迪格如何利用其数据来决定在哪家餐厅以及在一年中的何时推出这个新系列产品。

请注意，这个问题与迄今为止我们考虑过的问题有一个关键的区别。在之前的章节中，问题主要是在数据的背景下提出的，并且如何使用数据来回答问题是明确的——唯一的问题是需要执行哪些代码来完成每个步骤。这个问题更加模糊，因此首先需要弄清楚如何将其表达在数据的背景下。

在开始之前，花几分钟思考一下。你想要对数据提出哪些问题？你想要如何获得答案？我们将提供一种解决方案，但请随意尝试不同的数据处理方式。◆

我们的第一步是问自己想要实现什么目标。答案可能是毫无争议的——希望尽可能多地销售新饮料。那么如何实现这个目标呢？我们可能希望找到饮料更加畅销的餐厅——在一家没有任何人购买饮料的餐厅推出新产品似乎不太合适。因此，我们的第一个问题是，是否有些餐厅的顾客倾向于点更多的饮料？如果是，那么我们可能会认为在这些餐厅推出新产品更利于销售。可以通过以下方式来判断是否存在这种情况：◆

```
( df_orders.groupby('RESTAURANT_NAME').DRINKS
                    .mean().sort_values().plot(kind='bar') )
```

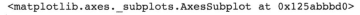

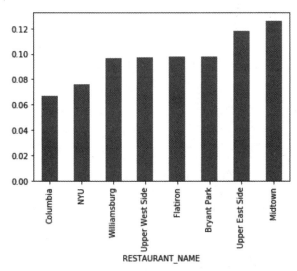

首先，按照 RESTAURANT_NAME（这个列在第 7 章中已被添加到数据集中）进行分组，然后计算 DRINKS 列的平均值，以找到该餐厅平均每笔订单包含的饮料数量。最后，按照值对结果进行排序，并按升序绘制结果。根据上述图表，市中心餐厅和上东区餐厅可能是很好的试点餐厅。

现在让我们将关注点转向时间维度。作为负责推出这个产品的经理，你决定在一年中的什么时候推出它呢？按照类似的逻辑，你可能希望查看迪格餐厅每个月销售的饮料总量。这可以按照以下方式来实现：♦

```
( df_orders.set_index('DATETIME').resample('M')
                       .DRINKS.sum().plot() )
```

<matplotlib.axes._subplots.AxesSubplot at 0x125d48890>

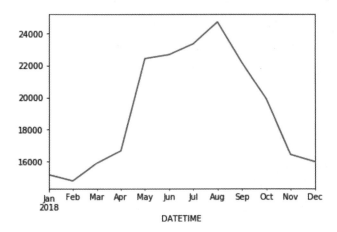

首先将数据框的索引设置为 DATETIME 列；然后对每个月进行重新采样，并计算在任何给定月份内迪格销售的饮料总量。不出所料，饮料购买量在夏季达到峰值，这似乎是推出新产品的好时机。

还有其他可以尝试的方法吗？◆ 因为我们已经决定将市中心餐厅作为推出新产品的试点餐厅，所以想看看这种时间模式是否在该餐厅也适用。可以按照以下方式进行操作：◆

```
( df_orders[df_orders.RESTAURANT_NAME == 'Midtown']
        .set_index('DATETIME')
        .resample('M')
        .DRINKS.sum().plot() )
```

为了节省篇幅，这里的图表被省略了，但这张图表看起来和上一张很相似。

请注意我们是如何从一个似乎相当模糊的问题开始，将其归结为一个更客观的问题，然后利用 pandas 的强大功能来回答这个问题的。

9.4　下一个前沿：设计迪格的外卖专用菜单

迪格是一家年轻的公司，正进入指数级增长阶段。这种增长的一个更令人兴奋的方面是，该公司将业务扩展到了其核心业务之外，接受外卖订单、自取订单，并提供餐饮服务。这些新的业务线在迪格推出后立即受到欢迎，多达 30% 的订单来自外卖。然而，正如你在之前的迪格介绍中所了解到的那样，这种成功伴随着挑战。迪格最初将外卖服务视为其主要业务的"螺栓"服务，允许顾客使用店内菜单订餐，并由第三方服务承包外卖服务。这也是迪格的许多竞争对手所采取的方法，但迪格的领导层很快就意识到这导致了不合格的客户体验。除了其他问题，迪格的丰富菜单意味着大约有 1500 种迪格菜品套餐，其中一些比其他菜品更适合外卖配送。

迪格在看到机会时意识到了这一点，决定集中精力提高客户在迪格的体验。特别是，它决定创建一个全新的、独立的外卖服务，该服务拥有专门为外卖而构建和优化的全新的菜单和平台。这将使其成为行业的开拓者，并使公司处于占领这一日益庞大的市场的最佳地位。

正如你所能想象的，创造一种全新的外卖服务需要付出巨大努力。成为第一个行动者有一些好处，但这也意味着没有规则可以遵循。在本节以及 9.7 节和 9.8 节中，我们将讨论迪格可能会使用其数据来回答的问题，以支持这一工作。开始之前，让我们花几分钟想想可能需要处理的问题。◆

我们的第一个挑战将围绕迪格的外卖菜单的设计展开。迪格应该在该菜单中包含哪些菜品？答案的一部分将集中在哪些菜品更适合配送，但这不是我们可以根据所拥有的数据来分析的。答案的另一部分将集中在迪格当前菜单中最受欢迎的菜品上。这本身就是一个相当宽泛的问题。那么应该如何简化这一问题呢？◆ 迪格的套餐包括 4 个主要选择——主食、主菜、配菜 1

和配菜 2。因此，你可能想问一下这些类别中的每个菜品的受欢迎程度。

- ❑ 最受欢迎的主菜是什么？
- ❑ 最受欢迎的主食是什么？
- ❑ 哪种主菜配主食最受欢迎？
- ❑ 这些和配菜有什么关系？

此外，你可能会问一些一般性问题。例如，点沙拉作为主食的人有可能会去寻找更健康的主菜吗？如果答案是否定的（有些人就是喜欢生菜！），那么就可以在新菜单中加入一些以沙拉为基础，但搭配不太健康的配菜的选项。9.8 节将处理这个具体问题。

然而，现在，让我们简单地确定哪些主菜和主食最受欢迎，哪些组合卖得最好。这里暂停一下，想想你会怎么做（提示：我们已经在 7.9 节结束时开始了这一点）。◆

首先来看一下订单数据集。你应该记得在第 7 章中，我们已经将每家餐厅的名称和每个菜品的名称输入到该数据集中（这本身需要使用一些连接操作）：◆

```
df_orders.head()
```

	ORDER_ID	DATETIME	RESTAURANT_ID	TYPE	DRINKS	COOKIES
0	O1820060	2018-10-11 17:25:50	R10002	IN_STORE	1.0	2.0
1	O1011112	2018-05-31 11:35:00	R10003	IN_STORE	0.0	0.0
2	O752854	2018-04-21 18:12:57	R10001	DELIVERY	0.0	2.0
3	O2076864	2018-11-17 12:50:52	R10005	PICKUP	1.0	0.0

接下来看一下哪些主菜最受欢迎：◆

```
df_orders.MAIN_NAME.value_counts().plot(kind='bar')
```

`<matplotlib.axes._subplots.AxesSubplot at 0x12314e490>`

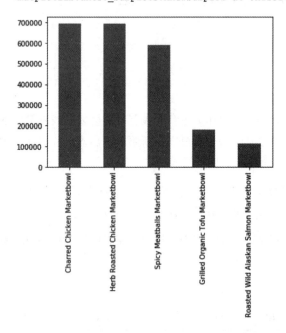

显然，鸡肉最受欢迎，其次是肉丸。豆腐和三文鱼似乎不怎么受欢迎。

再来看看主食：

```
df_orders.BASE_NAME.value_counts().plot(kind='bar')
```

`<matplotlib.axes._subplots.AxesSubplot at 0x121d873d0>`

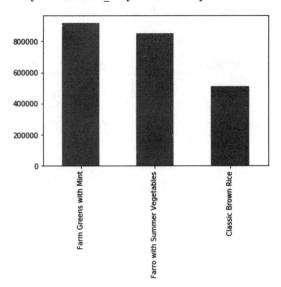

看起来迪格的客户非常健康，沙拉在这个前菜的列表中占有一席之地。下一个受欢迎的主食似乎是法罗，最后才是米饭。

现在让我们进入一个稍微困难点儿的挑战。怎么才能知道哪种配菜最受欢迎呢？暂停一下，看看你能不能自己弄明白。◆

一种解决方案是简单地按 MAIN_NAME 和 BASE_NAME 对订单数据进行分组，并计算每个组合出现的次数：◆

```
( df_orders.groupby(['MAIN_NAME', 'BASE_NAME'])
        .size()
        .sort_values(ascending=False)
        .reset_index() )
```

	MAIN_NAME	BASE_NAME	0
0	Herb Roasted Chicken Marketbowl	Farm Greens with Mint	280243
1	Charred Chicken Marketbowl	Farm Greens with Mint	279591
2	Herb Roasted Chicken Marketbowl	Farro with Summer Vegetables	259056
3	Charred Chicken Marketbowl	Farro with Summer Vegetables	258945
4	Spicy Meatballs Marketbowl	Farm Greens with Mint	238509
5	Spicy Meatballs Marketbowl	Farro with Summer Vegetables	220116
6	Charred Chicken Marketbowl	Classic Brown Rice	155311
7	Herb Roasted Chicken Marketbowl	Classic Brown Rice	154203
8	Spicy Meatballs Marketbowl	Classic Brown Rice	132060
9	Grilled Organic Tofu Marketbowl	Farm Greens with Mint	73682
10	Grilled Organic Tofu Marketbowl	Farro with Summer Vegetables	68153
11	Roasted Wild Alaskan Salmon Marketbowl	Farm Greens with Mint	46052
12	Roasted Wild Alaskan Salmon Marketbowl	Farro with Summer Vegetables	42779
13	Grilled Organic Tofu Marketbowl	Classic Brown Rice	41323
14	Roasted Wild Alaskan Salmon Marketbowl	Classic Brown Rice	25616

先对数据框进行分组，然后查找每个组合的行数，接下来将结果降序排列（最受欢迎的在顶部），最后重置索引以将结果放入数据框中。

看来鸡肉沙拉是赢家。这一切都很好，但这张表有点儿不够直观，那么如何将这些信息可视化到一张表中，以实际显示每一种配菜的相对受欢迎程度呢？ ◆ 可以先使用 8.3.2 节中的 unstack() 来创建一张表，其中每一列对应一个主食：

```
( df_orders.groupby(['MAIN_NAME', 'BASE_NAME'])
         .size()
         .unstack() )
```

BASE_NAME MAIN_NAME	Classic Brown Rice	Farm Greens with Mint	Farro with Summer Vegetables
Charred Chicken Marketbowl	155311	279591	258945
Grilled Organic Tofu Marketbowl	41323	73682	68153
Herb Roasted Chicken Marketbowl	154203	280243	259056
Roasted Wild Alaskan Salmon Marketbowl	25616	46052	42779
Spicy Meatballs Marketbowl	132060	238509	220116

请注意索引中的第 2 列（BASE_NAME）是如何转换为 3 列的。然后使用 plot() 来绘制每一列：

```
( df_orders.groupby(['MAIN_NAME', 'BASE_NAME'])
         .size()
         .unstack()
         .plot(kind='bar') )
```

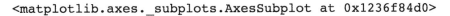

```
<matplotlib.axes._subplots.AxesSubplot at 0x1236f84d0>
```

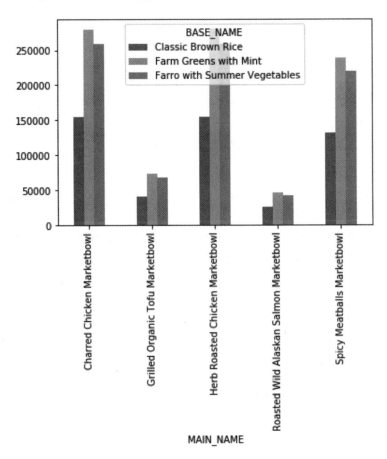

这张图表更能说明问题,它清楚地表明每一种配菜的相对受欢迎程度并不取决于套餐中的主菜。深入洞察这种组合数据非常有用,它意味着我们不需要太担心配菜与主菜的确切组合,而应专注于哪种组合最适合外卖配送。

为简洁起见,我们不会对配菜进行类似的分析,但你应该尝试一下。本章将在后文中探讨与迪格新菜单设计有关的其他问题。

9.5 为成功而规划人员配置

我们的下一个问题是关于员工的,这是餐饮业中任何企业都会面临的一个巨大挑战。在阿斯马特对迪格向数据驱动转变的描述中,这一挑战显得尤为突出。她不仅提到了使用数据来支持迪格员工的专业发展,也提到了将各种人力资源(HR)数据存储在单独的系统中所带来的困难。

迪格的全部人员数据集很大，但我们可以用现有的数据集解决这个问题的一些特定方面。这是一种比你预期的更常见的情况——经常**希望**能够访问某些数据集，但又不得不管理手头的数据。在这里暂停一下，并试着用头脑风暴的方法来看看你可以用现有的数据集解决这个问题的哪些方面。♦

我们要处理的是阿斯马特在对迪格的介绍中提到的"美国劳动力的供应和劳动法的变化"的问题。许多考虑属于这一范畴。例如，美国越来越多的市政当局正在通过法律禁止雇主临时改变员工的班次。这就要求公司提前一段时间发布员工计划，考虑到餐饮服务的需求变化很大，这可能非常困难。这项任务对迪格来说更难，因为它承诺在现场烹饪每一种食物，这就要求餐厅在任何时候都有训练有素的员工。

如何使用数据来规划人员配置？♦ 我们的数据使我们能够分析每家餐厅全天的订单分布。这将是规划人员配置的关键一步，因为它能确保迪格满足其每家餐厅的需求。如果你发现哥伦比亚餐厅在午餐时间是最忙的，那么我们将确保那个时间为该餐厅分配足够的团队成员。开始之前，你可能想问问自己期望的结果是什么，这样就可以将期望和现实进行比较了。

从你想产生什么样的效果开始调查数据。♦ 首先可能是制作一张图表，显示每家餐厅一天中订单量的变化情况。这可以通过多种方式实现，所以请考虑一下你可能采取的方法。♦

可以使用 groupby() 和 unstack() 轻松地做到这一点。让我们开始生成一个数据框，该数据框针对每家餐厅和一天中的每个小时，给出了全年中每天各小时发生的订单总数：♦

```
( df_orders.groupby([df_orders.DATETIME.dt.hour,
                     df_orders.RESTAURANT_NAME])
         .size() )
```

```
DATETIME    RESTAURANT_NAME
9           Columbia            2
            Flatiron            2
            Midtown             3
            NYU                 5
            Upper East Side     1
                               ...
23          Midtown            97
            NYU               149
            Upper East Side    94
            Upper West Side    96
            Williamsburg      107
Length: 118, dtype: int64
```

请注意，groupby() 语句使用了第 8 章中介绍的所有技巧。

❑ 我们通过向 groupby() 传递一个包含**两个**要分组的内容的列表来聚合多个列。

❑ 我们传递的不是列名，而是一系列值。这允许我们对小时进行分组，即使它在数据框中不作为列存在，也不需要创建一个全新的列。

结果是一个序列，对于每家餐厅和每个小时，给出了该餐厅在各小时内的订单数量。那么如何将其转换为一个数据框，其中每家餐厅为一列，每个小时为一行？♦ 可以使用 unstack()：

```
( df_orders.groupby([df_orders.DATETIME.dt.hour,
                df_orders.RESTAURANT_NAME])
        .size()
        .unstack() )
```

RESTAURANT_NAME	Bryant Park	Columbia	Flatiron	Midtown	NYU	Upper East Side [1]
DATETIME						
9	NaN	2.0	2.0	3.0	5.0	1.0
10	5581.0	7035.0	6927.0	8106.0	3756.0	2306.0
11	22289.0	9698.0	27094.0	31643.0	35330.0	22564.0
12	31444.0	10008.0	37918.0	44244.0	56872.0	36402.0

最后是绘制图表：

```
( df_orders.groupby([df_orders.DATETIME.dt.hour,
                df_orders.RESTAURANT_NAME])
        .size()
        .unstack()
        .plot() )
```

```
<matplotlib.axes._subplots.AxesSubplot at 0x122c76d90>
```

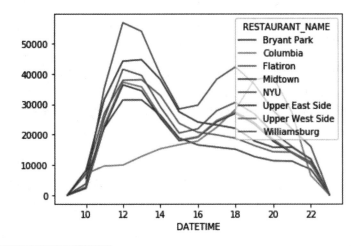

---

① 此表数据不完整，疑原书有误，请读者知悉。——编者注

让我们来看一下绘制的图表。这是你所期望的吗？有什么特别的吗？如果要把这些结果展示给你的老板，你会用这些图表提出哪些要点？♦ 以下几点令我们印象深刻。

- 大多数餐厅在午餐时间最忙，在晚餐时间有一个次高峰。这将是决定如何为每家餐厅分配员工的关键信息。
- 午餐高峰期在每家餐厅大致相同，但晚餐高峰期似乎因餐厅而异。
- 有些餐厅的情况截然不同。例如，哥伦比亚餐厅在午餐时段的客流量较少，但在晚餐时段需求强劲。这意味着哥伦比亚餐厅的员工安排应该与连锁店中的其他餐厅有所区别。

你还能想到其他的吗？这应该能让你体会到用 pandas 去处理员工规划问题的好处。我们将在 9.9 节分析订单量和天气之间的关系时回到这个话题。

9.6　数据民主化：汇总订单数据集

第 5 章在开始研究 pandas 时加载了两个数据集：orders 数据集（以完整的粒度列出每个单独的订单）和 summarized_orders 数据集（按餐厅和日期汇总这些订单）。

对任何与数据团队密切合作的人来说，这一切都太熟悉了。真实的数据集总是很复杂，往往很 "脏"，而且很少能直接访问。因此，公司内的商业智能团队常常不得不将公司的数据集处理成更易于分析的格式。

正如迪格的介绍中所讨论的，真实数据集的固有复杂性可能会由于各种原因而出现。在一家较小的早期公司中，可能还不清楚如何使用这些数据。早期公司也不太可能拥有一个架构完全的数据基础设施以轻松地提取数据的特定视图。在一家更大的传统公司中，情况可能正相反。多年来，大公司的数据基础设施可能已经迅速发展成一组笨重的完全不同的系统，每个系统存储一种特定类型的数据，这些数据在孤立的情况下可能不是特别有用，有时需要花费大量的精力才能将它们结合起来，从而产生有用的信息。

这可能是有问题的。根据我们的经验，企业难以利用数据获得有用信息的最常见原因之一是，那些熟悉业务并需要答案的人与数据之间存在繁重的技术障碍。因此，将数据转换成商业领袖可以分析的形式的能力是我们在实践中看到的最有用的技能之一。这就是所谓的**数据民主化**，即让公司更广泛的部门可以使用数据进行分析。

当然，权力越大责任越大。创建关键数据集的更精简视图的风险是，如果做错了（比如出现编程错误），那么我们没办法调试它们，可能会得出错误的结论。因此，正确地民主化数据是数据分析师最重要的技能之一，我们通过创建 summarized_orders 数据集来引入这一概念。

首先，来看一下 orders 数据集。你可能还记得，在第 7 章中，我们将每家餐厅的名称和每个套餐的名称输入到了该数据集中（这需要使用一些连接）：♦

```
df_orders.head()
```

	ORDER_ID	DATETIME	RESTAURANT_ID	TYPE	DRINKS	COOKIES
0	O1820060	2018-10-11 17:25:50	R10002	IN_STORE	1.0	2.0
1	O1011112	2018-05-31 11:35:00	R10003	IN_STORE	0.0	0.0
2	O752854	2018-04-21 18:12:57	R10001	DELIVERY	0.0	2.0

你可能也记得，summarized_orders 数据集将每家餐厅的每一天作为一行，并列出了该餐厅当天的订单数以及订单中外卖订单的百分比。

为了创建这个数据集，我们首先创建一个数据框，它给出了每家餐厅每天的**订单数量**。♦ 如果你有点儿不知所措，那么可以将索引设置为 DATETIME，按 RESTAURANT_NAME 分组并按天重新采样。然后问问自己，会使用 8.3.1 节中的哪个聚合函数来计算每家餐厅每天的订单数。最后，将结果转换为具有正确列名的数据框。我们是这样做的：♦

```
df_num_orders = ( df_orders.set_index('DATETIME')
                          .groupby('RESTAURANT_NAME')
                          .resample('D')
                          .size()
                          .reset_index()
                          .rename(columns={0:'NUM_ORDERS'}) )
print(len(df_num_orders))
df_num_orders.head()
```

2919

	RESTAURANT_NAME	DATETIME	NUM_ORDERS
0	Bryant Park	2018-01-01	373
1	Bryant Park	2018-01-02	789

首先，将数据框的索引设置为 DATETIME 列，为 resample() 操作做好准备（如 8.5.2 节所述）。然后，按餐厅名称分组，并按索引重新采样，以便按天列出每家餐厅的数据。接下来，应用 size() 操作来查找每个组中的行数。最后，重置索引以获得两列：一个是餐厅的名字，一个是日期。如前所述，当对整个组而不是某个特定列使用 size() 函数时，结果列名均为 0，因此我们需要将该列重命名为 NUM_ORDERS，以表明这是该列包含的内容。

结果是一个数据框，其中包含每家餐厅每一天的一行数据，以及当天的订单数。注意，我们还输出了数据集中的行数——在本例中是 2919，稍后你会用到这个。

接下来生成一个数据框，其中包含每家餐厅的外卖订单百分比，最简单的方法如下所示：◆

```
df_orders['IS_DELIVERY'] = (df_orders.TYPE == 'DELIVERY')
df_pct_delivery = ( df_orders.set_index('DATETIME')
                        .groupby('RESTAURANT_NAME')
                        .resample('D')
                        .IS_DELIVERY
                        .mean()
                        .reset_index()
                        .rename(columns={'IS_DELIVERY':
                                         'PCT_DELIVERY'}) )
print(len(df_pct_delivery))
df_pct_delivery.head()
```

	RESTAURANT_NAME	DATETIME	PCT_DELIVERY
0	Bryant Park	2018-01-01	0.0
1	Bryant Park	2018-01-02	0.0
2	Bryant Park	2018-01-03	0.0
3	Bryant Park	2018-01-04	0.0
4	Bryant Park	2018-01-05	0.0

我们要做的第一件事是在数据框中创建一个列，如果订单是外卖订单，那么每行都包含一个 1，否则为 0。为什么要这样做？简单来说，找到该列的平均值，就可以找到外卖订单的百分比。代码的其余部分与前面的代码非常相似。请注意，这个数据框中的行数与前一个数据框中的行数相同。

最后，连接这两个数据集以生成最终的汇总订单数据集。◆ 如果遇到问题，可以先问问自己应该在每个数据集中的哪些列上执行连接，然后再问问自己应该是哪种连接——inner、outer、left 或 right？以下是我们的解决方案：◆

```
df_summarized_orders = (
        pd.merge(df_num_orders,
                 df_pct_delivery,
                 on=['RESTAURANT_NAME', 'DATETIME'],
                 how='outer') )
print(len(df_summarized_orders))
df_summarized_orders.head()
```

```
2919
```

	RESTAURANT_NAME	DATETIME	NUM_ORDERS	PCT_DELIVERY
0	Bryant Park	2018-01-01	373	0.0
1	Bryant Park	2018-01-02	789	0.0
2	Bryant Park	2018-01-03	818	0.0
3	Bryant Park	2018-01-04	782	0.0
4	Bryant Park	2018-01-05	719	0.0

如 7.5 节所述，这是一种简单的合并操作，但有几点需要解释一下。首先，为什么要进行外部连接？正如你在前面所看到的，我们要连接在一起的表具有相同的行数，并且据推测，餐厅名称和日期将在这两张表中完全匹配。那么，为什么不直接进行内部连接呢？这里的关键点是，通过执行外部连接，可以"免费"检查两张表中的键是否确实完全匹配。如果一些餐厅名称和日期组合出现在一张表中而没有出现在另一张表中，那么会发生什么呢？在这种情况下，外部连接将在输出中创建额外的行。如果外部连接的结果包含与原始两张表相同的行数，那么就意味着键确实匹配。

最后一点：如果回顾一下我们在第 5 章中探索的原始 summarized_orders 数据框，你会注意到它有 2806 行，而我们在这里创建的数据框有 2919 行。为什么会不一样呢？第 5 章中的数据框不包括未下订单的天数。如果将这里的 summarized_orders 数据框过滤到有订单的日期，那么我们就会得到相同数量的行：

```
(df_summarized_orders.NUM_ORDERS > 0).sum()
```

```
2806
```

现在来总结一下。我们已经将一个超过 200 万行的数据集（无法在 Excel 中打开，因此不太可能对业务分析师有任何用处）转换成一个只有不到 3000 行的数据集。正如第 6 章中所介绍的，这个较小的数据集包含了足够多的数据，我们可以从中获得有关每家餐厅业绩的强大见解，而且它足够小，可以由对企业日常运作有深刻理解的人在 Excel 中处理。这充分体现了数据民主化的好处。

9.7 为新的外卖服务找到"肥沃的土壤"

在 9.4 节中，我们展示了迪格一个令人兴奋的新阶段——创建优先外卖服务以提升客户体验。我们讨论了迪格如何分析其现有的订单模式以创建新菜单。

本节将从不同的角度考虑这项新服务。在对迪格的介绍中，我们了解到迪格的外卖服务在一些餐厅中非常受欢迎，但是在扩展这项服务时，我们可能想知道在哪些餐厅提供外卖服务最受欢迎。例如，这可能有助于我们决定将哪家餐厅作为新计划的试点。这也涉及 9.5 节中讨论的人员配置问题——一家外卖业务繁重的餐厅的人员配置需求可能与大多数订单发生在店内的餐厅的人员配置需求不同。

让我们逐个分析一下餐厅。例如，如何找到哥伦比亚餐厅的外卖订单比例？具体做法如下所示：◆

```
( df_orders[df_orders.RESTAURANT_NAME == 'Columbia']
        .TYPE.value_counts(normalize=True).reset_index() )
```

	index	TYPE
0	IN_STORE	0.728053
1	PICKUP	0.171285
2	DELIVERY	0.100662

（回想一下，代码中 normalize=True 给出的比例总和为 1，而不是计数。）这很有帮助，但如何对每家餐厅进行分析呢？而且更重要的是，如何以一种有用和可操作的方式将结果可视化呢？在你继续阅读之前，请花几秒钟思考一下。让这项任务变得有点儿困难（并证明本节在本章后面的这个位置是合理的）的是我们还不太清楚如何将结果可视化。关于如何解决这个问题，很值得你自己尝试一下。◆

我们的解决方案将首先生成一张类似于以下内容的表。

RESTAURANT_NAME	IN_STORE	DELIVERY	PICKUP
Bryant Park	0.754002	0.068645	0.177353
Columbia	0.728053	0.100662	0.171285
Flatiron	0.725600	0.102343	0.172056
Midtown	0.753170	0.068805	0.178024
NYU	0.730706	0.100520	0.168774
Upper East Side	0.656743	0.189381	0.153876
Upper West Side	0.656462	0.189686	0.153852
Williamsburg	0.729094	0.101127	0.169779

每个条目都列出了使用相应模式完成的餐厅订单的比例。例如，正如你在前面给出的单独计算中看到的那样，哥伦比亚餐厅约 10% 的订单是外卖订单。

那么怎样生成这样的一张表呢？虽然你可以使用许多前面已经学到的知识和方法（我们在与本章相关的 Jupyter Notebook 中提供了一个例子），但是让我们利用这个机会介绍一种更优雅的方法，它不使用任何新技术，而是以一种新的（而且，我敢说，是令人兴奋的）方式使用你已经见过的方法。

首先运行以下代码：

```
( df_orders.groupby('RESTAURANT_NAME')
    .TYPE
    .value_counts(normalize=True) )
```

可以简单地按 RESTAURANT_NAME 进行分组，然后将 value_counts() 应用于每家餐厅的 TYPE 列。

为什么这与迄今为止我们所做的聚合不同？原因很简单，我们使用的聚合函数 value_counts() 返回的不是一个数值，而是一个完整的序列。我们来分析一下，考虑像 df_orders.groupby('RESTAURANT_NAME').DRINKS.mean() 这样的语句，对于每个 RESTAURANT_NAME，计算 DRINKS 列的平均值。这是一个数值，我们可以很容易地将其放入每家餐厅占一行的表中。

然而，当我们使用 value_counts() 进行聚合时，每家餐厅都会得到一个完整的序列。pandas 该如何将这些结果放入每家餐厅占一行的表中呢？让我们试试看：

```
( df_orders.groupby('RESTAURANT_NAME')
    .TYPE
    .value_counts(normalize=True)
    .head(10) )
```

```
RESTAURANT_NAME    TYPE
Bryant Park        IN_STORE     0.754002
                   PICKUP       0.177353
                   DELIVERY     0.068645
Columbia           IN_STORE     0.728053
                   PICKUP       0.171285
                   DELIVERY     0.100662
Flatiron           IN_STORE     0.725600
                   PICKUP       0.172056
                   DELIVERY     0.102343
Midtown            IN_STORE     0.753170
Name: TYPE, dtype: float64
```

pandas 做了一件非常聪明的事情。通过获取 value_counts() 函数输出的索引，并将其与 groupby() 中的索引组合起来，它创建了一个两列索引。接下来，可以使用 8.3.2 节中的 unstack() 来创建我们需要的表：

```
( df_orders.groupby('RESTAURANT_NAME')
        .TYPE
        .value_counts(normalize=True)
        .unstack() )
```

TYPE	DELIVERY	IN_STORE	PICKUP
RESTAURANT_NAME			
Bryant Park	0.068645	0.754002	0.177353
Columbia	0.100662	0.728053	0.171285
Flatiron	0.102343	0.725600	0.172056
Midtown	0.068805	0.753170	0.178024
NYU	0.100520	0.730706	0.168774
Upper East Side	0.189381	0.656743	0.153876
Upper West Side	0.189686	0.656462	0.153852
Williamsburg	0.101127	0.729094	0.169779

最后一步是绘制图表（注意，这里按照外卖百分比的递增顺序对餐厅进行了排序，因为我们分析的目的是找出在哪里推出新的外卖产品）：

```
( df_orders.groupby('RESTAURANT_NAME')
        .TYPE
        .value_counts(normalize=True)
        .unstack()
        .sort_values('DELIVERY')
        .plot(kind='bar') )
```

```
<matplotlib.axes._subplots.AxesSubplot at 0x1267251d0>
```

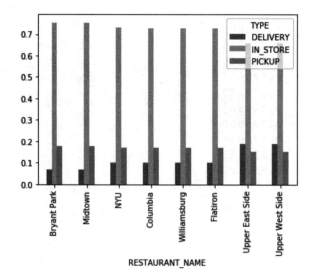

对于每家餐厅，我们现在有一张显示每种订单类型比例的图表。在能够解读这张图表之前，还有最后一步要做，你能想出什么方法让这张图表更有用吗？◆ 事实上，这些柱是并排的，这使得它们有点儿难以比较——堆叠图会让数据比较更加直观。可以通过向 plot() 函数传递一个参数 stacked =True 来轻松做到这一点：

```
( df_orders.groupby('RESTAURANT_NAME')
          .TYPE
          .value_counts(normalize=True)
          .unstack()
          .sort_values('DELIVERY')
          .plot(kind='bar', stacked=True) )
```

```
<matplotlib.axes._subplots.AxesSubplot at 0x125f89110>
```

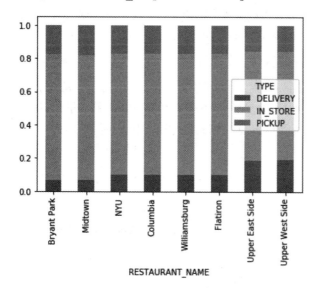

这是一张更容易分析的图表，因为现在我们可以比较餐厅之间每种订单的比例。请注意，在 value_counts() 中使用 normalize=True 意味着即使一些餐厅的销售额远远高于其他餐厅，图表中的每个柱也都具有相同的高度。这使得比较这些比例更加容易。看看这张图表，从中你能得到什么启示？◆ 以下是我们的结论。

❑ 所有门店的自取订单量大致相同，略低于 20%。
❑ 店内就餐和外卖订单在不同餐厅之间有很大差异。外卖订单最少的是布莱恩特公园餐厅，外卖订单最多的是上东区餐厅和上西区餐厅。对熟悉纽约的人来说，这并不奇怪。上东区和上西区是住宅密集的社区，顾客更有可能居家订外卖。而布莱恩特公园餐厅靠近一个有许多办公楼的地区，顾客更有可能到店就餐。

这些结论将是迪格考虑在哪里推出新外卖服务的重要依据。

9.8　了解你的顾客：沙拉爱好者真的更健康吗

在 9.4 节中，我们讨论过迪格优先外卖服务的新菜单的设计，并且也为迪格订单中呈现出的模式做过一些基础的分析以支撑这个决策。

本节将从另一个角度来考虑这个问题。在对迪格的介绍中，提及每个迪格套餐的主食可以有 3 种选择，即沙拉、法罗和米饭。我们或许可以有一个初始假设，那就是将沙拉作为主食的顾客是在寻找更健康、更低卡的饮食。但是，这个假设是真的吗？或者仅仅是因为这些人碰巧喜欢生菜？

这个问题很重要，因为它会让我们更加深入地了解顾客，进而设计一款为他们提供更好的服务的外卖菜单。如果我们的确发现沙拉爱好者被更加健康的选择所吸引，那么就需要在以沙拉为主食的套餐中提供健康的配菜和主菜。如果我们的发现与假设相反，没有发现两者有关联性，那么就应该专注于设计口味更好以及在旅行中食用更加方便的套餐（例如，在沙拉中混入刚出炉的鸡肉可能会让里面的生菜口感变差）。

而且这个问题也有歧义。怎么定义一个"健康"的顾客呢？数据中没有一列是关于这个的。
♦然而，其他两列也许可以当作"健康"的标志：第一，每笔订单里的饼干的数量；第二，套餐中指定的配菜［一些尝起来口感比较好的食物（比如花椰菜奶酪通心粉）可能不那么被关注健康的客户所喜爱］。

让我们将问题重新整理并阐述一下：首先，点沙拉套餐的人倾向于少点饼干吗？其次，点配菜拼盘的人跟点沙拉套餐的人会不一样吗？

先考虑第一个有关饼干的问题。♦考虑一下沙拉在数据集中是怎么被标识出来的：

```
df_orders.BASE_NAME.value_counts()
```

```
Farm Greens with Mint            918077
Farro with Summer Vegetables     849049
Classic Brown Rice               508513
Name: BASE_NAME, dtype: int64
```

似乎"Farm Greens with Mint"就是我们要找的菜单项。为了避免一遍遍地输入这个字符串，可以把它保存到一个变量里面：

```
salad = 'Farm Greens with Mint'
```

现在来解决我们的问题：

```
print(df_orders[df_orders.BASE_NAME != salad].COOKIES.mean())
print(df_orders[df_orders.BASE_NAME == salad].COOKIES.mean())
```

```
0.3664534590480054
0.08817561054247083
```

第 1 行代码把 df_orders 里面主食不是沙拉的订单都过滤掉了，然后找到了每笔订单中饼干数量的平均值。第 2 行代码找到了主食是沙拉的订单中饼干数量的平均值。正如我们所怀疑的，不包含沙拉的订单平均每笔订单包含约 0.37 块饼干，而包含沙拉的订单，平均每笔订单包含约 0.08 块饼干。

当然，你可以用 groupby() 得到相同的结果，如下所示：

```
df_orders.groupby(df_orders.BASE_NAME == salad).COOKIES.mean()

BASE_NAME
False    0.366453
True     0.088176
Name: COOKIES, dtype: float64
```

太棒了，结果几乎是一致的。

Python 中的 t 检验

你可能会想知道，这个区别（每笔订单中有 0.37 块饼干与每笔订单中有 0.08 块饼干）是一个显著的区别还是只是一个偶然的偏差。如果你上过初级的统计学课程，那么就应该知道搞清楚这个问题需要用 t 检验。t 检验的理论超出了本书的范畴，但是对已经熟悉这个方法的读者来说，下面展示出了 Python 是怎么做 t 检验的（注意，第一次运行这段代码的时候，你可能会花几分钟，因为 Python 需要一些时间载入 scipy 包用于计算）：

```
from scipy import stats
stats.ttest_ind(df_orders[df_orders.BASE_NAME!=salad].COOKIES,
                df_orders[df_orders.BASE_NAME==salad].COOKIES)

Ttest_indResult(statistic=386.1313807565163, pvalue=0.0)
```

我们首先引入 scipy 包的 stats 部分，然后把两个列表传入 stats.ttset_ind() 函数，第一个是没有沙拉的订单中饼干的数量，第二个是有沙拉的订单中饼干的数量。p 值表示统计学上的显著性。

现在来看一下问题的第二个部分：配菜在有沙拉和没有沙拉的套餐中的分布有区别吗？我们从有沙拉的套餐订单开始，试着生成套餐中第一份沙拉的分布信息：

```
( df_orders[df_orders.BASE_NAME == salad]
        .SIDE_1_NAME
        .value_counts(normalize=True)
        .sort_index()
        .plot(kind='bar') )
```

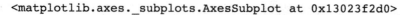

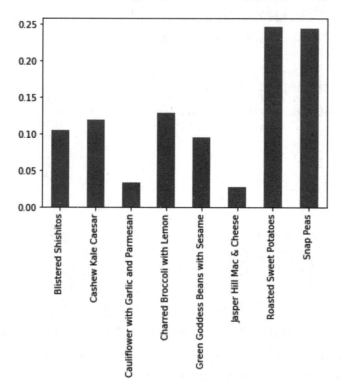

我们首先把 orders 这个包含套餐信息的数据框过滤一下，留下用沙拉做主食的订单，然后为这些套餐的第一道配菜信息做一个归一化分布（用 normalize=True 来保证图表中的柱都被聚合到一起）。接下来应用 sort_index() 按照字母顺序来展示结果。看起来烤甜土豆（Roasted Sweet Potatoes）和麻豆（Snap Peas）是目前为止最流行的两款配菜。

下面来看看不用沙拉做主食的情况。如何修改前面的代码使其适用于非沙拉爱好者的数据分析？◆ 你需要做的所有的事情就是把第 1 行代码中的==改成!=来生成非沙拉的数据集。然而，除了这些，你还能想到其他的可以更简单地展示这些数据的可视化方法吗？◆ 理想情况下，我们希望用对比的方式展示沙拉爱好者和非沙拉爱好者对配菜的选择情况。我们在 9.7 节中已经做了部分类似的事情。回过头去看看，在我们告诉你答案之前试着自己找到正确的做法。◆

```
( df_orders
    .groupby( df_orders.BASE_NAME == salad )
    .SIDE_1_NAME
    .value_counts(normalize=True)
    .unstack(level=0)
    .plot(kind='bar') )
```

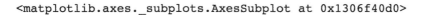

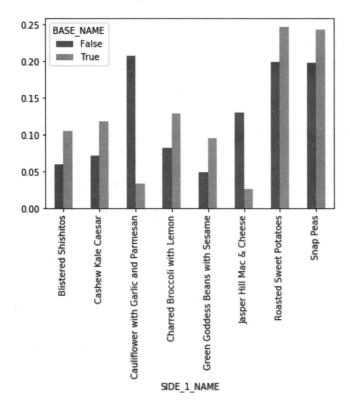

现在我们来解释一下代码（下文中的数字对应于代码中的行号）。

2. 如 8.5.1 节所述，用序列时我们用 groupby()。所有以绿色蔬菜为主食的行会在一个组里，其他不以绿色蔬菜为主食的行会在另一个组里。

3. 抽取第一种配菜的名字。

4. 找到归一化的值——在这里，代码的输出如下所示。

```
( df_orders
    .groupby( df_orders.BASE_NAME == salad )
    .SIDE_1_NAME
    .value_counts(normalize=True))
```

```
BASE_NAME   SIDE_1_NAME
False       Cauliflower with Garlic and Parmesan    0.208072
            Roasted Sweet Potatoes                  0.199584
            Snap Peas                               0.198432
            Jasper Hill Mac & Cheese                0.130618
            Charred Broccoli with Lemon             0.082552
```

5. 采用第二层索引，用 unstack() 把它转换成列，8.3.2 节对此做过介绍。

6. 绘制图表展示结果。

注意结果图表的图例有两个条目——True 和 False。这些分别对应于第 2 行代码分组后的序列的值，True 代表以沙拉为主食的行，False 代表其他的。

结果非常令人震撼，在以沙拉为主食的套餐中，花椰菜奶酪通心粉套餐的比例明显较低。相反，西兰花、麻豆和甜土豆更加受欢迎。虽然这不是最令我们惊讶的事情，但是的确印证了我们做菜单设计时的想法，我们应该确保在沙拉套餐中包含更多的健康食品。

注意，这些数据分析只考虑了 SIDE_1 列中的**第一道**配菜。然而客户是可以点两道配菜的，第二道配菜的信息在 SIDE_2 列中。因为“第一”道配菜和“第二”道配菜并没有本质的区别（它们基本上是被收银员随机输入到系统中的），所以我们不期待对于第二道配菜的分析能发现不一样的东西。本章的 Jupyter Notebook 中的代码考虑了有两道配菜的情况。结果跟目前的非常类似。

9.9　订单和天气

本节会把本章中讨论过的很多主题糅合到一起进行分析。尤其是，我们会看一看不同的订单模式跟天气之间的关系。这个关联关系会影响迪格运营的很多方面，从原材料选择到员工安排，从产品推广到公司的新外卖服务的制定。在开始之前，花几分钟问一下自己迪格可能会对这个关联关系的哪些问题感兴趣呢？它们可能会有哪些用处呢？◆

此时你脑子里可能会涌现出很多问题，但是我们会考虑以下这些。

❑ 我们可能会认为外卖订单的比例与天气情况有很大的关系。尤其是到了天气恶劣的冬天，外卖订单会大幅增加，这是真的吗？这将极大地影响我们对于那个时间段的员工安排。

❑ 室外温度会对客户的饮料订单有影响吗？这可能会影响我们在 9.3 节中讨论的引入一条新饮料线的选择，也可能会帮助决策层判断什么时候在店里张贴与饮料相关的产品推广海报最合适。

为了回答这些问题，我们需要一个包含纽约市天气信息的数据集。从本书配套网站的 raw data 目录中下载名为 weather.csv 的文件，用 pandas 把第 1 列转换成日期。下面来看看这个数据集的前几行：◆

```
df_weather = pd.read_csv('raw data/weather.csv')
df_weather.DATETIME = pd.to_datetime(df_weather.DATETIME)
df_weather.head()
```

	DATETIME	TEMPERATURE	PRECIP
0	2018-01-01 00:00:00	9.66	0.0
1	2018-01-01 01:00:00	9.19	0.0
2	2018-01-01 02:00:00	9.04	0.0
3	2018-01-01 03:00:00	8.37	0.0
4	2018-01-01 04:00:00	8.14	0.0

下一步是把这些信息合并到订单数据集中。这两个数据集在时间频度上有一些不同，所以合并会有一些困难。注意，在天气数据集中，我们每天的每个小时都有一个数据点。但是在订单数据集中，一笔订单对应一行。怎样才能把这两类信息连接到一起以完成数据分析呢？这是一个有趣的问题，我们花几分钟来思考一下。♦

我们的解决方案比较简单，用 8.5.2 节中介绍的方法对 orders 数据框中的信息重新采样，找到每个小时的订单的统计信息。然后把这张新的按照小时分行的表跟天气信息表连接起来。按照前面讨论过的要做的数据分析，需要把下列行引入即将生成的按照小时分行的订单表中：♦

- □ 某小时内对应的订单数量；
- □ 某小时内订单中饮料的平均数量；
- □ 某小时内订单中外卖订单的百分比。

我们会创建 3 张表，每张表包含上述的一列，然后把它们连接到一起形成最终表。

我们从生成一个新列（包含每小时的信息）开始，把各小时内订单的数量加进去。可以用下面的代码来生成：♦

```
df_num_orders = ( df_orders.set_index('DATETIME')
                  .resample('H')
                  .size()
                  .reset_index()
                  .rename(columns={0: 'NUM_ORDERS'}) )
```

先把数据框的索引设置成 DATETIME 列。然后对这个数据框重新采样，应用 size()函数找到每个小时对应的行数并且重置索引。在这里，我们为这个数据框保留一个名为 DATETIME 的列，该列包含了这些行对应的小时。还有一个名为 0 的列（你应该还记得，这是因为我们对整个数据框而不是某个特定的列使用了 size()函数）。最后一行代码把这列重命名为了 NUM_ORDERS。把上述语句的每个部分都单独运行一下以确保你理解每个部分的含义。

现在来生成第二个数据框，这个数据框包含每小时订单中饮料的平均数量：♦

```
df_av_drinks = ( df_orders.set_index('DATETIME')
                    .resample('H')
                    .DRINKS
                    .mean()
                    .reset_index() )
```

这跟前面的代码几乎完全一样，除了在 DRINKS 列上用 mean() 函数，我们不再需要重命名任何列了。

最后是第三个数据框，它包含了外卖订单在每个小时的平均数量，代码如下所示：

```
df_orders['IS_DELIVERY'] = (df_orders.TYPE == 'DELIVERY')
df_pct_delivery = ( df_orders.set_index('DATETIME')
                    .resample('H')
                    .IS_DELIVERY
                    .mean()
                    .reset_index() )
```

我们从创建一个列开始，如果该订单是外卖订单，那么值就等于 True，否则等于 False。为什么要这么做呢？在为一个值为 True/False 的列做求和或者求平均值计算时，True 会被当作 1，而 False 会被当作 0。因此只要找到每列的平均值，就能找到外卖订单的比例，这个计算我们在下一个语句中完成。

最后，需要用 pd.merge() 把这 3 张表合成一张大表。停一秒问问自己：什么时候做这个连接最好？下面是我们的解决方案：♦

```
df_combined = pd.merge(df_num_orders, df_av_drinks,
                    on='DATETIME', how='outer')
df_combined = pd.merge(df_combined, df_pct_delivery,
                    on='DATETIME', how='outer')
```

首先，注意我们是在 DATETIME 这一列上做连接，这是每张表上的小时信息。其次，注意我们做的是一个外部连接。从理论上说这应该跟内部连接是一样的结果，因为 resample() 函数应该输出这 3 张表中本年度的每一个小时。但是出于安全考虑，外部连接能保证我们不会丢失任意一行。最后，注意处理这 3 张表其实很简单，只需在一行中做两次连接操作即可。

因为 resample() 会为每个小时生成一行，所以这张表会包含没有订单发生的小时。我们需要通过过滤把这些行都去掉：♦

```
df_combined = df_combined[df_combined.NUM_ORDERS > 0]
```

结果如下所示：

```
df_combined.head()
```

	DATETIME	NUM_ORDERS	DRINKS	IS_DELIVERY
0	2018-01-01 10:00:00	80	0.037500	0.175000
1	2018-01-01 11:00:00	359	0.083565	0.178273
2	2018-01-01 12:00:00	526	0.043726	0.188213

这就是我们想要的。

现在我们有了一个每小时订单情况的数据框，接下来要做的事情就是把它和天气数据框连接起来。应该使用哪种连接呢？可以像下面这么做：◆

```
df_combined = pd.merge(df_combined, df_weather,
                 on='DATETIME', how='left')
df_combined.head()
```

	DATETIME	NUM_ORDERS	DRINKS	IS_DELIVERY	TEMPERATURE	PRECIP
0	2018-01-01 10:00:00	80	0.037500	0.175000	11.14	0.0
1	2018-01-01 11:00:00	359	0.083565	0.178273	13.05	0.0
2	2018-01-01 12:00:00	526	0.043726	0.188213	14.41	0.0

正确的连接应该是**左连接**，因为我们的基准表是订单表（df_combined），有订单发生的每个小时对应一行。对于这些小时，需要引入天气数据。df_weather 中的很多行是没有订单发生的（比如半夜的时候），我们不需要把这些信息带到最终表中，所以选择左连接是合适的。

现在我们终于准备好解决第一个问题并确定外卖订单的比例是不是跟天气有关了。那怎么用 df_combined 的信息来解答这个问题呢？你的第一反应可能是绘制一张以温度为 x 轴的图表，用外卖订单的比例作为 y 轴，数据框中的每一行就是一个点。可以像下面这么做：◆

```
df_combined.plot(x='TEMPERATURE', y='IS_DELIVERY',
                              kind='scatter')
```

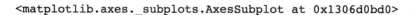

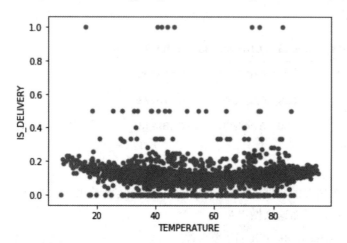

很不幸的是，这看起来没有什么用。这张表包含了差不多 9000 行的信息，所以我们的图表上约有 9000 个点。要从这么多个点中看出需要的信息，的确有些困难。

更好的做法是为温度创建一些"桶"（比如从华氏 0 度到华氏 10 度、从华氏 10 度到华氏 20 度，等等），然后找到每个桶里面的外卖订单的**平均**百分比。这个聚合过的结果可能会比原始图表中大量的点能提供更多的有用信息。

首先，需要确定这些桶的定义，pandas 中有一些特殊的函数可以做这类事，不过现在我们用一个快速但不那么漂亮的方法来完成它。我们需要做的是把温度的数值除以 10，四舍五入后再乘以 10。举个例子，华氏 23 度除以 10 得到 2.3，四舍五入变成 2，再乘以 10 变成 20。类似地，华氏 17 度除以 10 变成 1.7，四舍五入变成 2，再乘以 10 变成 20。因此，每个从华氏 15 度到华氏 25 度的温度都会落在"20"这个桶里面。任何从华氏 25 度到华氏 35 度的温度都会落在"30"这个桶里面，以此类推。

要用 pandas 完成这些事情，只需要这样做：

```
((df_combined.TEMPERATURE/10).round()*10).head()

0     10.0
1     10.0
2     10.0
3     20.0
4     20.0
Name: TEMPERATURE, dtype: float64
```

很有趣的是，pandas 也允许你输入 df_combined.TEMPERATURE.round(-1)来一步完成上述操作。

剩下的工作就是用 groupby() 来填充这些桶，然后找到每个桶里面的外卖订单的平均百分比。当然也可以通过创建一个包含这些桶的信息的新列来完成这个操作，或者可以用 8.5.1 节中介绍的用序列来分组的小技巧来完成：

```
( df_combined
    .groupby((df_combined.TEMPERATURE/10).round()*10)
    .IS_DELIVERY
    .mean()
    .plot(kind='bar') )
```

```
<matplotlib.axes._subplots.AxesSubplot at 0x12844c0d0>
```

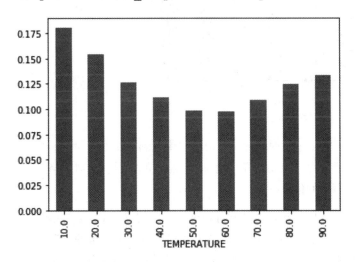

结果正如我们所期待那样。在温度很低的时候，外卖订单的比例暴涨，在最冷的天气涨了差不多 20%。当天气变暖时，外卖就不那么流行了，直到天气变得非常暖和，外卖订单的比例又开始攀升。这应该是迪格迫切需要的信息，因为他们正在为非常冷的一周做计划。

可以对 DRINK 这一列做同样的分析，看看每笔订单的饮料数量是不是也随着温度的变化而变化：

```
( df_combined
    .groupby((df_combined.TEMPERATURE/10).round()*10)
    .DRINKS
    .mean()
    .plot(kind='bar') )
```

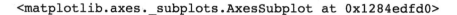

```
<matplotlib.axes._subplots.AxesSubplot at 0x1284edfd0>
```

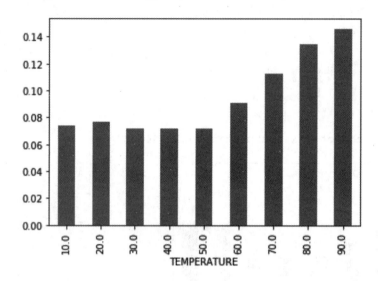

同样，结果非常令人振奋。当温度适宜时，每 100 份订单中饮料数量在 8 份左右徘徊。当天气变得非常暖和时，数值攀升到最多每 100 份订单中有 14 份左右的饮料。这对迪格寻找一个好的时机来打饮料广告可能是非常有用的信息。

被我们做的事情震惊到了吧？我们从超过 200 万行数据（一个用 Excel 远远打不开的大数据集）开始，用我们学过的几乎每个技巧，以按小时汇总的方式将数百万笔订单的数据集简化成了小得多的数据集。然后又把两个独立的数据源合并到一起，最终找到了有商业价值的信息。如果没有 Python，那么想要完成这些工作会非常困难。

9.10　总结

这是本书的最后一章。如果你一直在跟着我们学习，那么向你表示祝贺！本章展示了 Python 和 pandas 在分析实际数据时的灵活和强大。

不管你相信与否，至今为止我们接触到的都是很表面的东西。其实，还有非常非常多的功能我们并没有接触到。无论如何，通过学习本书的内容，你已经配备上了探索编程世界所需的工具。在"下一步"，也就是本书的结论部分，我们不仅会为你指出更多的资源以便你继续这段旅程，还会为你提供更多的工具以便你在使用 Python 时可以更加高效快捷。

下一步

到了总结全书的时候了。 我们经历了多么长的一段历程啊!

正如斯蒂芬·科尔伯特(Stephen Colbert)所说:"欢迎来到书呆子的世界,我的朋友。"我们喜欢写代码的一个原因是,一旦我们学会了,就无法忽视它。意思是一旦你剥开了一层并且开始探索一些日常使用的工具更深层次的工作机制,就很难再像过去一样看待这个世界了。或许很快会有一天,你在读一些东西的时候看到一个有关写代码的笑话,你会停下来思考,然后说:"哦! 明白了!"

所以我们是怎么来到这里的呢? 我们从基础知识开始——使用命令行,用 Python 编写和运行脚本,然后诊断故障并修复错误。接下来学习变量、数据类型、控制结构——从 if 语句到 for 循环。我们讨论完函数(一个非常有效的复用短篇幅代码的方法)之后结束了本书的第一部分。在本书的第二部分中,我们深入数据的世界——讨论 pandas 并用它来读、写和修改数据集合。我们看到了多个数据集合如何被合并到一起用于分析。最后,我们讨论了聚合,并且用相关技巧回答了迪格的很多个业务问题。

还记得第一天吗?

```
print("Winter is coming.")
```

这好像发生在很久以前,并且那些之前看起来很复杂的东西,现在看起来如此简单。

当然,在这个时候很容易感到不知所措。转述唐纳德·拉姆斯菲尔德(Donald Rumsfeld)的话:"世上万事万物有已知的已知部分,也有已知的未知部分,更有未知的未知部分。"有可能你现在比刚刚开始时更加不知所措,因为你已经知道了你对 Python 还有很多不了解的东西。

记住,本书的目标不是让你感觉已经掌握了 Python,而是让你学到足够多的东西以便开始进一步自主探索,并且不会觉得不知所措。Python 的世界很大,你现在知道的只是沧海一粟(但希望它能派上用场)。

传闻有一次艾伯特·爱因斯坦(Albert Einstein)在被问到他的电话号码是什么时,他拿出了一本电话号码簿。

他朋友说："什么？你居然不记得自己的电话号码？"

爱因斯坦这么回答："永远不要记你能查到的东西。"

在有搜索引擎的年代，要知道你并不需要记忆如何使用 Python，因为你总是可以上网搜索。

所以，坐下来，放轻松，并且记住：了解 Python 会让你比绝大多数其他 MBA、经理人，分析师等更有价值。[1]

那么后续该往哪里走呢？还记得那些让你自己选择要走的路的书吗？里面会提到你需要做决定是打开一扇门还是穿过一个黑暗的走廊。学习编程与此有些类似。我们在本书中展示了一些与 Python 相关的主题，以让你从不同角度了解 Python。现在你已经可以决定下一步要探索什么主题了。

如果你急切地想要知道更多，那么建议你阅读以下图书。

(1) 如果你对用 Python 简化你的日常生活感兴趣，可以看一下《Python 编程快速上手——让繁琐工作自动化》，作者是阿尔·斯维加特（Al Sweigart）。该书展示了如何用 Python 做诸如发送邮件、发短信、阅读 PDF 文件、访问电子表格应用之类的事情。

(2) 如果你对本书的第二部分感兴趣，想要更深入地了解，那么《Python 数据科学手册》[①]就非常值得一读，作者是杰克·万托布拉斯（Jake VanderPlas）。该书涵盖了我们讨论的所有材料，甚至更多。

(3) 如果你对机器学习以及如何用 Python 来帮你打造机器学习解决方案感兴趣，那么《Python 机器学习基础教程》[②]是非常好的资源，作者是安德烈亚斯·米勒（Andreas Müller）和萨拉·吉多（Sarah Guido）。[2]

还有一个特别好的资源是 HackerRank 网站，在那里你可以通过从基础到高级的挑战来练习 Python 编程技巧。很多公司甚至在招聘过程中开始用 HackerRank 来评估程序员的编码能力。

在你继续学习的过程中感到最困难的部分之一就是出错诊断。如果你独自一人碰到了不能解决的问题应该怎么办呢？幸运的是，Python 有一个非常大的支持社区。因此最好的方法之一就是到 Python 社区请教一个比你懂得更多的人。非官方的 Python Slack 社区被称为 PySlakers，现在有超过 25 000 个成员，他们都很友善且愿意帮助初学者。

非常感谢你跟我们一起走完这段旅程。希望正如我们撰写本书时得到了很多快乐一样，你在阅读本书的时候也能找到乐趣。如果你心存感激，或者有任何问题或反馈意见，请通过电子邮件（authors@pythonformbas.com）与我们联系。祝你好运！

---

① 该书已由人民邮电出版社出版，详见 ituring.com.cn/book/1937。——编者注
② 该书已由人民邮电出版社出版，详见 ituring.com.cn/book/1915。——编者注

注释

第 1 章　开始学 Python

1. 如果这让你感到困扰，那么可以通过在命令行中运行以下代码来关闭此功能：

```
conda config --set changeps1 False
```

然后重启命令行。

第 2 章　Python 基础（一）

1. Bing、DuckDuckGo，或者任何你喜欢的搜索引擎。

2. 实际上，这只在 Python 3 中是正确的。在 Python 2 中，对于两个数相除总是得到一个整数，如果运行 1/2 则会返回 0，你肯定会觉得困惑。在 Python 2 中，如果你想将两个数相除并返回一个浮点数，则必须明确地告诉它这样做。这是非常违反常理的，所以作者在 Python 3 中改变了这一点。

第 3 章　Python 基础（二）

1. 从技术上讲，range() 实际上在 Python 3 中产生了一个叫作"区间"的东西（不是一个列表），但是你可以像遍历列表一样遍历它。

2. 目前，HackerRank 上 FizzBuzz 的最短解决方案比我们提供的解决方案短了整整 20 个字符，老实说，我们不知道他们是如何做到这一点的（解决方案本身并没有公布）。我们对此颇受震撼。

3. 也可以用数值来标记字典中的元素，但是本节将使用"字符串"来区分字典和列表。

第 4 章　Python 基础（三）

1. 有趣的是，IF() 在 Excel 中是函数，在 Python 中则不是——这完全是创建 Python 的人做出的决定。他们本可以让它成为一个函数，却没那样做。

2. `split()`和`split(" ")`之间实际上有细微的区别。可以在以下字符串上尝试：

```
"Once more     unto the breach"
```

（注意多个空格，并确保你输入了它们，如果完全复制这段文字，那么空格也会被复制。）

3. 代码异味包括 Python 中非常长并且有太多缩进级别的函数。另外，还有很多其他形式的代码异味。

4. 这里使用 Python 的扩展切片语法。如果你对此感兴趣，我们鼓励你做更多的探索。

5. 在 Python 中，包、库和模块之间存在一些细微的技术差异，但出于本书的目的，我们将这些都看作相同的概念。

6. 需要注意的是，`print "Hello, world!"`语句中缺少括号，这很明显地表明这部漫画是 Python 2 画的。

7. 还有其他的方法来安装包，并且包存储库也可用，不过大多数 Python 程序员发现 pip 是迄今为止最容易使用的包安装工具之一。

第 5 章　Python 数据分析简介

1. 可以通过多种方式启动 Jupyter Notebook。例如，可以启动一个 Windows 系统和 macOS 系统上都存在的名为 Anaconda Navigator 的应用程序，并从那里启动 Jupyter Notebook。

2. 本书的网站还包含 Orders.csv 文件，它完整地记录了每笔订单，包括所有特别提到的复杂性。

3. 另一种方法是使用参数 `inplace=True` 调用相关函数。我们在本书中从未使用过这种方法，原因有很多，尤其是 pandas 的未来版本可能会删除这个参数。

4. 如果操作不正确，则会出现文件不存在（`FileNotFound`）的错误。

第 6 章　在 Python 中探索、绘制和修改数据

1. 当你学习更多关于 Python 绘图的知识时，你会发现主要的绘图函数库叫作 `matplotlib`。本书并没有单独介绍 `matplotlib`，而是直接用 pandas 生成图表。如果你想用 `matplotlib` 生成图表，那么这里讨论的所有选项和功能也都可用。

2. 当然，你可能希望为每家餐厅构建不同的规则，这将需要为每家餐厅单独计算平均值和标准差。不幸的是，我们还没有支持这样做的工具，但我们将在第 9 章回到这个问题。

3. 这些"连续的直方图"是使用一种称为"核密度估计"的方法生成的，因此，函数的参数中有 kde（kernel density estimator）。

4. 8.3.1 节会详细介绍这些函数，同时会讨论它们如何处理缺失值。

5. 你可能会注意到，*x* 轴有些扭曲，因为有许多数值要绘制。调整图表的外观是一个巨大的主题，本书并没有足够的篇幅对此进行讨论，但调整图表的大小相当简单，只需在 plot()函数中使用 figsize 参数即可。在这种情况下，尝试传递 figsize=(10, 5)：第一个数值是宽度，第二个数值是高度。

6. 有人可能已经注意到，此语句将 DateTime (df_orders.DATETIME)类型的变量与字符串（'2018-06-01'）进行了比较。一般来说，这是有问题的，但在这个特定的例子中，pandas可以进行比较。

7. 事实上，这个错误特别令人抓狂的是，结果并不总是正确的。有时候，当 pandas 返回对原始数据框的直接引用而不是一个副本时，这个语句就可以工作了。但是，由于此行为的不可预测性，你永远不要使用此方法编辑数据框中的特定单元格。

8. 请注意，我们将在第 9 章中介绍更高效的方法，并在 9.7 节中应用这些方法来解决本问题。这里使用这个例子是为了对本章中的概念进行更多的练习。

第 7 章　合并数据集

1. 理论上，只要没有数据错误（特别是，只要 df_driving 中没有不在 df_drivers 中的司机信息），这里用外部连接也可以工作。

第 8 章　聚合

1. 在应用 size()时不使用特定列的一个缺点是新生成的序列没有名称。因此，如果对结果执行reset_index()，那么 pandas 将没有任何东西可以调用该列，它将简单地将其称为 0。要查看此操作，请尝试执行以下代码：df_orders.groupby('RESTAURANT_NAME').size().reset_index()。

2. 多级索引的各个部分在 pandas 中称为"级别"而不是"列"。由于本书中没有详细介绍多级索引，因此为简单起见，我们将它们称为"列"。

3. 如果你是一个不怕吃苦的人，那么也可以分别对表进行聚合，然后将两张表连接起来。本章的 Notebook 中为你提供了代码。我们认为这种方法更简单。

4. 在这一点上，你应该注意到还有很多其他的方法可以使用 agg()。我们只介绍了我们认为最有用和最通用的方法，但我们鼓励你研究文档以了解该函数的其他用法。

5. 理论上，可以在数据框的一列中使用 resample()，但是在我们撰写本书的时候，这个功能在与 groupby()一起使用时有点儿问题，所以你应该避免这样做（对于那些感兴趣的人，请参阅 GitHub 官网上的 pandas issue #30057）。

下一步

1. 好吧，某种程度上来说，这完全是虚构的统计数据。据 Stack Overflow 发布的《2019 年开发者年度调查报告》显示，Python 已连续 3 年被列为最受欢迎编程语言之首。

2. 《Python 编程快速上手——让繁琐工作自动化》［作者：阿尔·斯维加特（AI Sweigart）］；《Python 数据科学手册》［作者：杰克·万托布拉斯（Jake VanderPlas）］；《Python 机器学习基础教程》［作者：安德烈亚斯·米勒（Andreas Müller）和萨拉·吉多（Sarah Guido）］。